科学のとびら 52

コラーゲン物語

第2版

藤本大三郎 著

東京化学同人

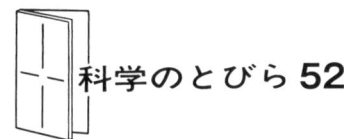

まえがき

コラーゲンは動物の体にあるタンパク質である。ヒトでは全身のあらゆる臓器にあるが、特に皮膚、骨、軟骨、腱、血管壁などに多く存在する。

私は一九六一年からコラーゲンの研究に携わってきたが、一九九九年三月に東京農工大学を定年になり退職することになった。定年で退職するときには、最終講義を行う習慣がある。何をしゃべろうかと思案をした。そして、折から読んでいた「グリンネルの研究成功マニュアル」（グリンネル著、白楽ロックビル訳、共立出版、一九九八年）のパロディとして「私の研究失敗マニュアル」という題で講義を行うことにした。そこではコラーゲンの研究の流れを説明し、その流れのなかで私がどのように悪戦苦闘をしたかを話した。研究は思う通りにはいかないものだが、時には意外なことが見つかったり、思わぬ方に発展したりする。研究の苦しみと楽しみを学生諸君や若い研究者に伝えたかったのだ。

本書の旧版はこの講義をもとに書いた。研究は時代の流れと無関係ではいられないこと、コラーゲンはとても魅力的な研究対象で、その時代、時代に応じて先端的研究対象になってきたことを述べた。

あれから十年以上が過ぎた。その間にいろいろな人の話を聞くと、コラーゲンの研究の流れには興味はないが、コラーゲンの老化に伴う変化やコラーゲンの経口摂取効果に興味のある人がとても多いのに気がついた。そこで改訂にあたり、第4章を書き換え、この二つのトピックスについて新しい研究の進展を述べることにした。

第1～3章はほとんど変えていないので、旧版をすでに読まれた方や、コラーゲンの研究の流れに興味のない方は第4章から読んでいただいてもよい。

コラーゲンに関心をもつ方がもっと増えてくれることを願っている。

二〇一二年九月

藤本大三郎

目　次

第1章　物理化学と形態学の時代

コラーゲンとは

コラーゲンという言葉は、化粧品や健康補助食品の配合成分として広く知られるようになってしまったが、そもそもは人間をはじめ、いろいろな動物の体の中にあるタンパク質である。体の中でのコラーゲンの第一番目の役割は、体全体あるいはいろいろな臓器の枠組をつくることである（第一番目と断ったのは、ほかにも機能があるからで、これらについては第3章に述べる）。実際、体の枠組をつくっている皮膚や骨や腱などにはコラーゲンが大量に存在している。たとえば、皮膚の乾燥重量の約七〇パーセント、アキレス腱の乾燥重量の約八五パーセントはコラーゲンである。骨にはヒドロキシアパタイトとよばれるカルシウムとリン酸の化合物がたくさんあるが、それを除いた成分――つまり有機物質の実に九〇パーセントがコラーゲンである。心臓、肝臓、腎臓といった臓器の枠組もコラーゲンがつくっていて、そこにたくさんの細胞がはりついている。もちろん、これらの臓器のコラーゲン含量は、骨や皮膚ほど高くない。

哺乳動物の全タンパク質の三〇～三五パーセントはコラーゲンだという学者もいるし、二〇～二五パーセントぐらいだという意見もある。

コラーゲンは体の中で、繊維やネットワークのような構造体をつくっている。たとえば腱を観察すると、繊維を肉眼でも見ることができる。骨や歯も、ヒドロキシアパタイトを希酸やEDTA（エチレンジアミン四酢酸）などで溶かして取除くと、コラーゲンの繊維のかたまりが残る（図1）。

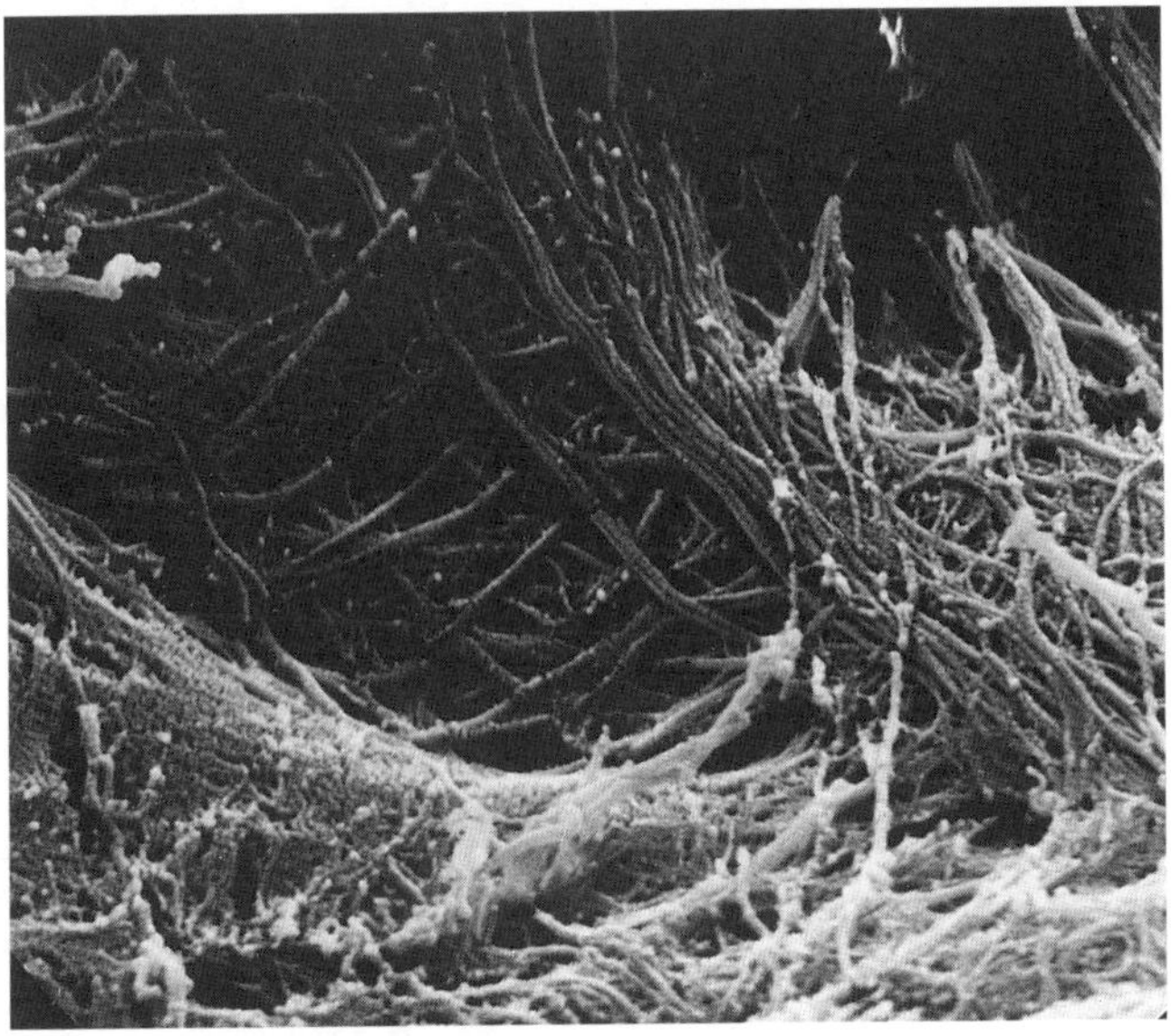

図 1　ニワトリの骨のコラーゲン繊維

体や臓器の枠組をつくるタンパク質として、コラーゲンは体にとってきわめて重要な存在である。たとえば先天的に骨のコラーゲンがうまくつくれないと、骨が弱くなって、すぐに骨折してしまう（骨形成不全症）。老人になって、皮膚のコラーゲンの量が減ったり変質したりすると、弾力性を失って、しわやたるみができる。

しかし、そのような機能を生物活性として簡単に測ることは難しい。この点が、試験管の中で触媒活性を測れる酵素や、実験動物を使って活性を測定できるホルモンなどとは大きく異なるところである。これが問題なのだ。

コラーゲンとの出会い

さて、私がコラーゲンという言葉に初めて出会ったのは大学院の講義でだったと思う。一九五九〜一九六〇年のころである。

学部の生化学の講義にはコラーゲンは全然出てこなかった。学部の生化学の講義といえば、酵素と代謝（解糖、トリカルボン酸回路など）の話ばかりで、核酸（ＲＮＡとＤＮＡ）の話もほとんどなかった。しかし、これから核酸の研究が重要になるという機運はあったらしい。ちゃんと勉強をしていた同級生のＮさんは、卒業論文のテーマに核酸を選んだ。時代の先を読むことができたのだ。今、彼女は生命科学者として大活躍し、とても有名になっている。

それに反して、私は勉強もしていないし、先も読めず、漫然と卒業論文に代謝のテーマを選んでしまった。それでこの体たらく。

最初に入る研究室をどう選ぶかは、その研究者の一生を決めるほど重要なことだという意見がある（たとえば前述のグリンネルの本）。私も、「大事なことだな」と思う。しかし、「そうたいしたことでもない」と思う気持ちも二割ぐらいはある。どんなテーマでもやっていると面白くなることは確かである。一生のうちに、まったく新しいテーマに取組むチャンスはせいぜい三回ぐらいしかないという話を聞いたことがある。最初の研究室選びを除くと、あと二回ぐらいしかないわけだ。言ってみれば結婚相手を選ぶのと似たようなものである。一生のうち、機会は何度もないし、大事なことだけれど、まあどうでもよいというか、なりゆきまかせのところもある。

話を元に戻そう。私がコラーゲンという言葉に出会ったのは、大学院の「生物物理化学」の講義であった。そのなかに、コラーゲンの分子の話が詳しく出てきた。超遠心沈降速度とか、粘度とか、浸透圧とか、光散乱とか、流動複屈折などの原理の説明があった。数式がぞろぞろ出てきてとても理解できなかったが、これらの方法の一つあるいは二つを組合わせることによって、コラーゲンの分子の大きさや形の情報が得られるという話であった。また、X線回折や電子顕微鏡の話もあって、これらの結果から提出されたコラーゲンの分子と繊維の構造モデルの説明があった。

コラーゲンは、タンパク質の物理化学のとてもよい研究材料だったのだろう。そして、その結果として、タンパク質の分子としては当時最も研究が進んでいて、最もよくわかったものの一つであったようだ。

コラーゲンの物理化学的研究

ちょっと、タンパク質の物理化学的研究の進展の様子を見てみよう（表1）。注目したいのは、生物学的な活性のはっきりしたタンパク質、すなわち触媒活性をもつ酵素（リゾチームなど）や酸素運搬機能をもつミオグロビンやヘモグロビンなどの結晶のX線解析が進んで立体構造が明らかになったのは一九六〇年代になってからということである。ヘモグロビンのX線解析の研究は一九三七年

表 1　タンパク質の物理化学的研究の発展

年	研究者	研究法
1912	ブラッグ	X線回折法
1924	スベドベリ	超遠心沈降
1937	チセリウス	電気泳動装置
1950	ポーリング	αらせん提唱
1960	ケンドルー	ミオグロビンのX線解析
1961	ペルツ	ヘモグロビンのX線解析
1965	フィリップス	リゾチームのX線解析

に始まったそうであるが。

一方コラーゲンはといえば、まずコラーゲンの繊維――これは腱などからほぼ純粋なものが大量に、しかも簡単に得られる――のX線小角回折や電子顕微鏡による研究が行われた。一九四〇年代のはじめには、コラーゲン繊維が約七〇ナノメートルの周期構造をもつことが明らかにされた（1ナノメートルは10^{-9}メートル）。

また、コラーゲンの繊維をうすい酢酸で低温で抽出すると、一部が可溶化されてコラーゲンの溶液が得られることがわかった（オレコビッチ、一九四八年）。これはとても重要である。コラーゲンが溶液状態で得られれば、超遠心分離など、いろいろな物理化学の測定の材料になる。他の繊維状のタンパク質――たとえば羊毛を構成するケラチンとか絹のフィブロインとかでは、こうはいかない。

ネズミや仔ウシの皮、ネズミの尾の腱、コイの浮袋などがよく使われた材料で、これらから純粋な溶けた状態のコラーゲンを数十ミリグラム、いや数百ミリグラムでも簡単につくることができる。一九五〇年代の半ばにはコラーゲン分子の大きさや形が物理化学的測定で明らかになった。大きな貢献をしたのはドーティで、その測定結果によると、分子量は約三〇万、形は棒状で、長さが約三一〇ナノメートルという値が得られた（一九五五年）。

ほぼ同じころ、ホールは電子顕微鏡によってコラーゲンの一個の分子を観察することに成功した（一九五六年）。やはり棒のような形をしていて、長さが二八二ナノメートル、直径が一・五ナノメートルであった。

繊維を溶かし出してつくったコラーゲン溶液から、試験管の中で再び繊維を構築する実験も成功した。たとえば、うすい酢酸で抽出したコラーゲンの溶液をアルカリで中和し、三七度くらいに暖めてやると、繊維が再生する。この繊維を電子顕微鏡で調べると、天然の繊維と同じ周期構造をもっていた。また、条件を変える〔たとえばＡＴＰ（アデノシン三リン酸）を加える〕と、天然のものとは異なる周期構造の繊維をつくることもできた。

こうした実験をふまえて、後述するようなコラーゲン繊維の四分の一ずれモデルが提出された（ホッジ、シュミット、一九六〇年）。

三重らせんモデル

物理化学的測定によるとコラーゲンの分子は棒のように細長くて堅いことを示している。コラーゲン分子を構成するポリペプチド鎖は、かなり特殊な立体構造をつくっているに違いない。

コラーゲン繊維（つまり、分子が一方向に規則的に集合した状態）はX線回折（広角回折）から、繊維の軸方向に〇・二九ナノメートルの周期構造をもつことが示された。これは、ポリペプチド鎖がらせん構造をつくっていることを意味する。このらせんは、αらせん（タンパク質の規則構造の一つ）とは違う。

この結果や当時得られていた若干のアミノ酸配列順序の情報などから、コラーゲンの分子構造のモデルが提出された。特に有名なのは**三重らせんモデル**（リッチとクリック、一九六一年、ラマチャンドラン、一九六二年）である。

I型コラーゲンの構造

これらの研究成果に、それ以後得られた知識をまとめて、コラーゲンの構造を概説しよう。ただし、これは現在いうところのI型コラーゲンの話である。後で（39ページ）述べるように、コラーゲンには多数の分子種のあることが今ではわかっている。

コラーゲンの分子量は約三〇万で、分子量が約一〇万の三本のポリペプチド鎖から構成されている。そのうちの二本は同じ（α1とよぶ）で、もう一本は異なる（α2とよぶ）構造――アミノ酸配列順序をもつ（ピーズ、一九六一年）。

三本のポリペプチド鎖は、それぞれ左巻きのらせんを巻いている（ちなみにαらせんは右巻きであ

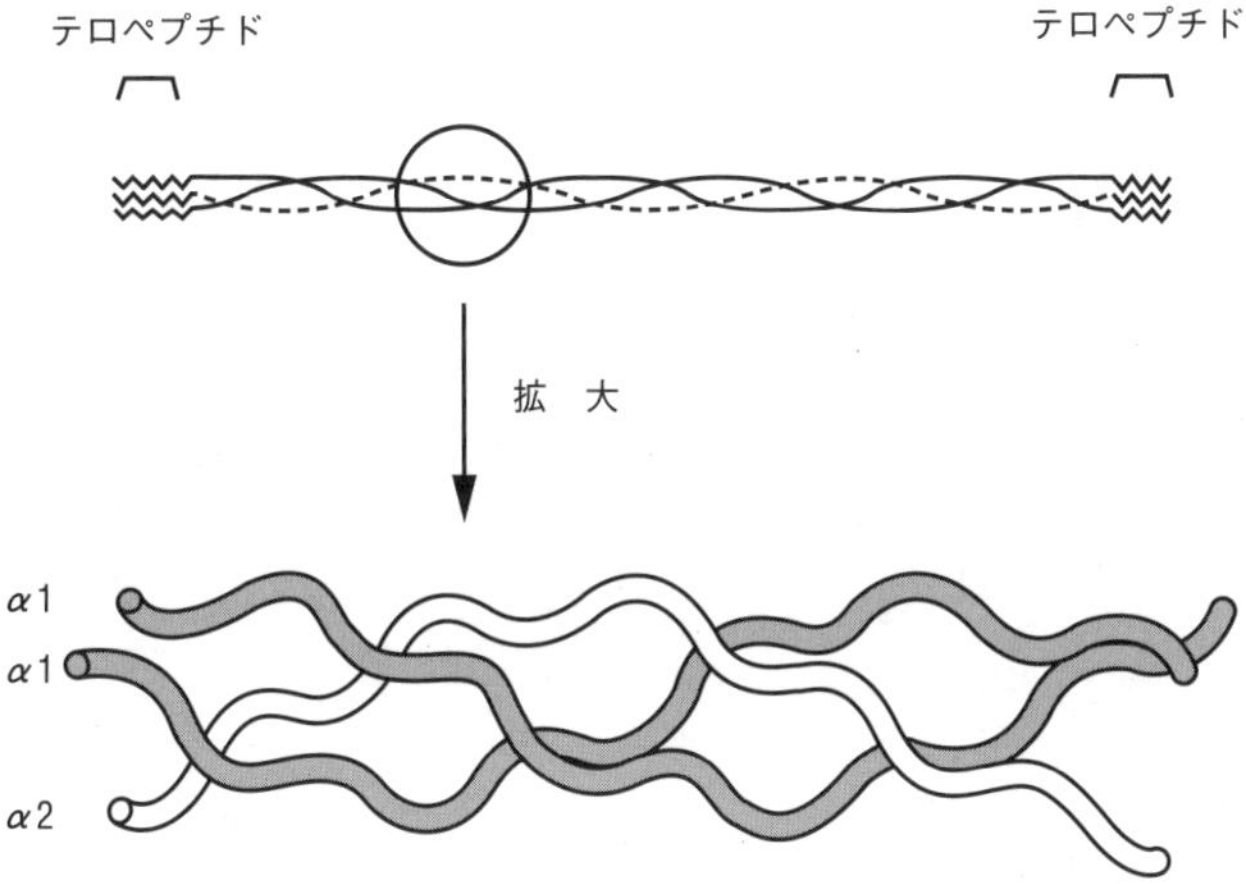

図 2　コラーゲン分子の構造

る)。このらせんはアミノ酸が一個につき〇・二九ナノメートル進むので、X線回折で〇・二九ナノメートルの回折像が得られたわけである。

　それぞれが左巻きのらせんを巻きながら、三本のポリペプチド鎖が合わさって、右巻きのらせんをつくる（図2）。つまり、DNA二重らせんとは違って、コラーゲン分子の場合は複合三重らせんとよぶべき構造である。

　ただし、分子の両端の短い部分は、らせんをつくっていない。この部分はテロペプチドとよばれていて、後で述べるように架橋の形成や抗原性と関係している。

　コラーゲンの溶液を加熱すると、三重らせん構造が壊れ、三本の鎖は基本的にはばらばらになる。これが**ゼラチン**である。

　ゼラチンは接着剤（ニカワ）や菓子の材料とし

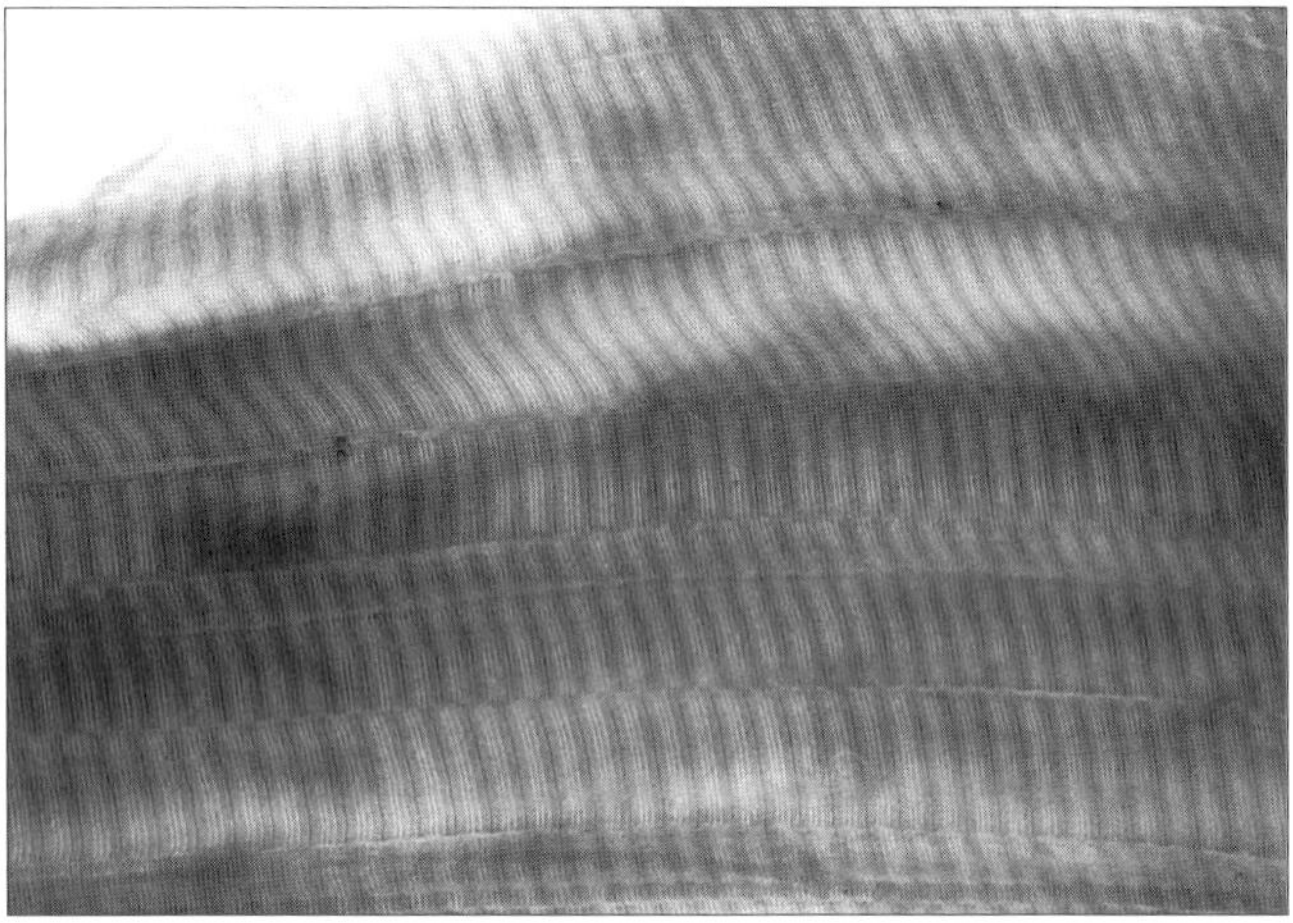

図 3　コラーゲン繊維の電子顕微鏡写真(東京農工大学名誉教授上原孝吉博士提供)

て古くから利用されてきたし、写真のフィルムの乳剤、医薬品などの材料としても利用されている。ゼラチンの物理化学的性質は工業的に重要な問題であり、これもいろいろ研究されてきた。

皮膚、骨、腱などの組織の中では、コラーゲンは繊維をつくっている。繊維を電子顕微鏡で観察すると、六七ナノメートルの周期をもつ構造が見られる(図3)。体の中には繊維状の構造体はたくさんあるが、このような周期構造をもつものはほかに見あたらない。そこで、形態学者は、この周期構造をもつ繊維を見ると、コラーゲン繊維であると判定するのが常であった。

コラーゲンの分子は、長さが約三〇〇ナノメートルである。この分子が、およそ四

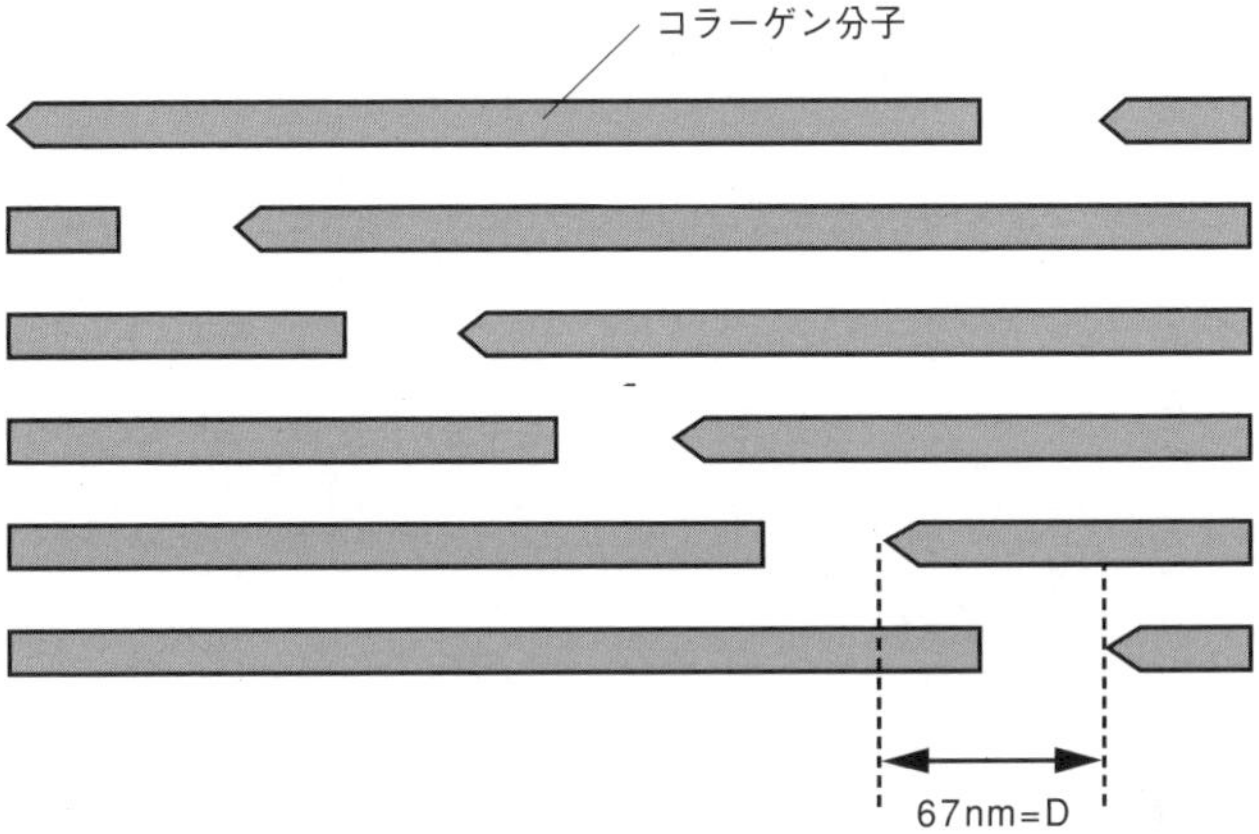

図 4　コラーゲン繊維の模式図

分の一ずつずれながら規則的に会合していると考えると、六七ナノメートルの周期構造がうまく説明できそうである。これが**四分の一ずれモデル**である（シュミットら、一九六〇年）。

このモデルはその後少し修正され、図４のようになって今日に至っている。分子と分子はＤと表現される距離だけずれて集合する。１Ｄは六七ナノメートルであり、コラーゲンの分子の長さは四・四Ｄである。分子は非対称で方向性がある。つまり、頭と尾があるのだが、みんな同じ方向に並ぶ。ある分子の尾と、隣の分子の頭の間にはギャップがある。ギャップの大きさは〇・六Ｄである。

電子顕微鏡の染色法の一つにネガティブ染色法というのがある。重金属の染色剤の中に試料を埋め込むと、試料の周囲やすき間、溝、孔、凹部などが染色剤で満たされる。試料自体は染色されず白く抜き出た陰画像として観察される。コラーゲン繊維にネガティブ染色を行うと、ギャップのところに染色剤が入り込んで強く染まるはずだが、実験をしてみると、まさしくそのとおりの像が得られる。

物理化学的研究法の限界

コラーゲンの分子と繊維の構造の大筋はこのように一九六〇年ころまでに明らかになった。しかし、よくわからないこともまだまだある。まず、三重らせん分子の詳細な立体構造が今でも明らかでない。

何よりもコラーゲンの結晶が得られないことが大きな原因である。一方向にだけ規則的な構造の繊維はたやすく得られるが、三次元的に規則構造をもつ結晶をつくることができない。それゆえ、きちんとしたX線構造解析ができず、細部の情報が得られないのである。

対照的に、結晶の得られる酵素などのX線解析はどんどん進んだ。すでに千を超えるタンパク質の立体構造が解明されているし、さらに毎日一つずつの速度で、新しいタンパク質の立体構造が決定されているという。しかも、これらのタンパク質は生物学的活性がはっきりしているので、構造と生物活性の関係が議論できる。コラーゲンは、タンパク質の物理化学的構造研究の最先端の材料の地位から転落し、時代遅れのものになってしまった。

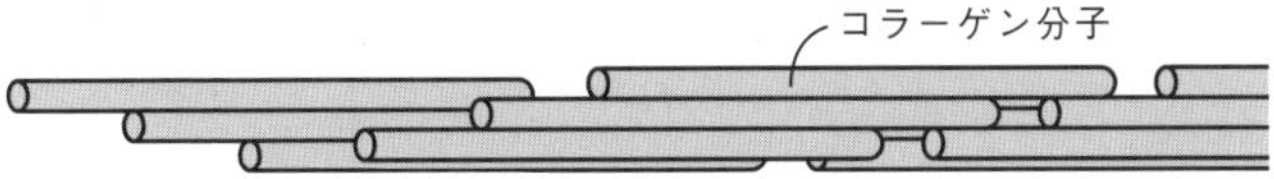

図 5　ミクロフィブリルモデル

それでも、人工的につくったコラーゲンのモデルペプチドは結晶化するので、それを材料にしてX線結晶解析が行われている。また、核磁気共鳴（NMR）法が発展すれば、溶液状態のコラーゲンで構造の詳細がわかるかもしれない。

繊維構造についてもすっきりしないことがある。たとえば、「四分の一ずれ」の上のレベルの構造である。体の中のコラーゲン繊維の構造にはいろいろなレベルがある。電子顕微鏡で見ると最小単位は太さが〇・一マイクロメートルぐらいの細繊維（フィブリル）である。細繊維が集まって太さが一マイクロメートルぐらいの繊維が形成され、それがさらに集合して太さが一〇〇マイクロメートルぐらいの繊維束ができたりする。

分子と細繊維の間に、ミクロフィブリルという構造単位があるという説がある。ミクロフィブリルでは、分子が四分の一ずつずれながら円柱をつくる。五分子で円柱を一周する（図５）。きれいなモデルだが、確実な証拠がない。反対意見もある。

四分の一ずれモデルという基本的なモデルに対してさえ異論があり、別のモデルが提出されている（桂　暢彦、一九九六年）。

まだわからないことが残されているとはいうものの、物理化学的研究はコラーゲン研究の主流からはずれてしまっている。イギリスのシェフィールドにあるＳＵＢＩＳは、月に二回、新しく出版された論文のなかから、キーワードに基づいて関連論文を選び出すサービスをしていた。たとえば一九九九年の四月上旬号には、コラーゲンに関連した論文が三六編載っているが、そのうち物理化学的研究の論文は二編だけである。四月下旬号には二五編のコラーゲン関連論文があるが、そのうちの一編のみが物理化学的研究の論文であった。

日本でコラーゲンの研究会が発足し、シンポジウムが開かれたのは一九五九年のことであった。その年に開催された二回のシンポジウムのプログラムを見てみると、全部で演題が三一題ある。そのなかからコラーゲンと直接関係がある一九題を調べてみると、七題が物理化学的研究である。物理化学的研究が、一九五〇年代のコラーゲン研究の柱の一つであったことがよくわかる。

コラーゲンの形態学的研究

当時のコラーゲン研究のもう一つの柱は形態学的研究であった。たとえば上記のコラーゲンシンポジウムの一九の演題のうち、八題が形態学的研究であった。

細胞や組織の形態学的研究の進展をちょっと見てみよう（表2）。

顕微鏡が発明されたのは一七世紀のことである。一九世紀後半には、試料の固定、切片の製作、染色の技術などが発達した。一九二五年ごろから一九四〇年代にかけては、顕微鏡の性能も向上し、

表 2　細胞や組織の形態学的研究の進展

年	研究者	研究法
1665	フック	顕微鏡の製作
1888	ワルダイアー	染色体の発見
1932	ルスカ	電子顕微鏡の発明
1939	ゴモリ	酵素の組織化学的同定
1952～53	パラード	細胞内構造体の電子顕微鏡による研究（固定法，超薄切片などの開発）

また固定・染色・切片作成の技術もさらに進歩して、細胞の構造が細かい点まで観察できるようになった。

また、コラーゲン繊維を含む細胞外の繊維成分（結合組織繊維とよばれた）の顕微鏡による観察もこの時代に盛んに行われた。結合組織は炎症のおもな舞台と考えられていたので、その繊維成分には大きな関心が寄せられていたらしい。

一九四二年にクレンペラーという学者が、慢性関節リウマチ、全身性エリテマトーデスなどの病気を総括して、膠原病（collagen disease）とよぶことを提案した。膠原とはコラーゲンの訳語である。今日では、これらの病気に必ずしもコラーゲンが直接かかわっているわけでないことが明らかになって、適切な言葉とはいえないそうだが、まだ使われることがある。

一九三〇年代に発明された電子顕微鏡は、一九五〇年代に細胞や組織の研究に広く用いられるようになった。

電子顕微鏡はコラーゲンの研究にも威力を発揮した。コラーゲン繊維の周期構造の発見や分子の直接的観察など、構造の研究に大きな寄与をしたことはすでに述べた。これらは純粋に取出したコラーゲンを材料にした研究である。

しかし、形態学的研究の主流は、組織を用いた研究である。炎症とその回復時などの際のコラーゲン繊維の消失や形成の様子、周辺の細胞との関係が電子顕微鏡を用いて追究され、コラーゲン繊維の形成・消失の機序が議論された。

一九五九年の日本のコラーゲンシンポジウムのなかの形態学的研究の演題のほとんどが、そのような研究である。

もちろん、コラーゲンの合成や分解のメカニズムを明らかにするには、形態学的方法では限界がある。生化学的方法が必要である。

タンパク質の生化学的研究法が進んで、コラーゲンの研究に応用できるようになったのは、つぎの時代であった。

第2章　生化学の時代

1　ヒドロキシプロリンはどのようにしてつくられるか

コラーゲンは哺乳動物の全タンパク質のおよそ三分の一を占める。コラーゲンが体の中でどのようにしてつくられるのか——コラーゲンの生合成は大変重要なテーマである。しかし、この問題へアプローチするためにはタンパク質一般の生合成の知識の進展と研究手段の開発が必要であった。表3に示すように、一九六〇年代になって、ようやくタンパク質の生合成メカニズムの基本が明らかになってきた。

それよりも前に、コラーゲンの生物学的テーマとして関心をひいていた問題がある。それはコラーゲンに含まれるヒドロキシプロリンがどのようにしてつくられるのかという問題である。

コラーゲンはタンパク質であるから多数のアミノ酸が結合してできている。一般にタンパク質を構成するアミノ酸は二〇種類で、

表 3　タンパク質の生合成の研究の進展

年	研究者	研究内容
1952〜54	ザメクニック	リボソームがタンパク質合成の場である.
1956	ホーグランド	アミノ酸活性化酵素
1961	ジャコブ，モノー	mRNA仮説
1961	ニーレンバーグ	タンパク質の無細胞合成系の確立
1961〜65	ニーレンバーグ，オチョア，コラナ	遺伝暗号の解読

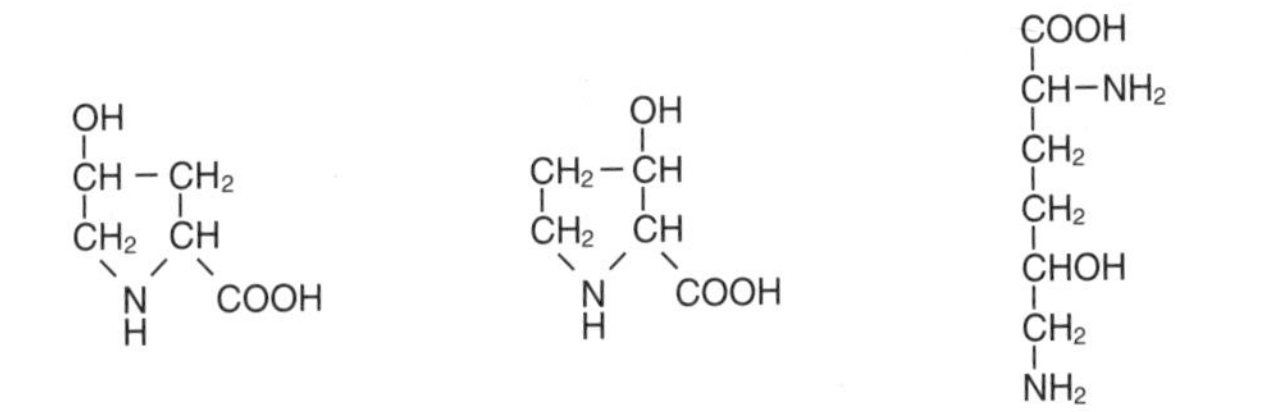

ヒドロキシプロリン（4-ヒドロキシプロリン）　3-ヒドロキシプロリン　ヒドロキシリシン

図 6　コラーゲンに含まれる特殊なアミノ酸

どのタンパク質にも共通である。ところが、コラーゲンには、普通タンパク質には含まれないアミノ酸がいくつか含まれている（図6）。なかでも**ヒドロキシプロリン**（正確には4-ヒドロキシプロリンという）は、コラーゲンの全構成アミノ酸の約一〇パーセントを占め、コラーゲンの特徴というか目印になっていた。

ヒドロキシプロリンはプロリンにヒドロキシ基（OH基）が一個ついた構造をしている。このプロリンは、タンパク質の二〇種類の基本アミノ酸の一つである。

人間など哺乳動物はヒドロキシプロリンを食べる必要はない。つまり非必須アミノ酸で、体の中でつくることができる。

一九四四年にステッテンらは、同位元素を用いた追跡実験を行った。すなわち、重水素（水素の同位元素で原子量二、放射性でない）と重窒素（原子量一五、非放射性）で標識したプロリンをネズミに与えたところ、ネズミのコラーゲンのヒドロキシプロリンの中に重水素と重窒素が取込まれることを発見した。

表 4　代謝学の進展

年	研 究 者	研 究 内 容
1897	ブフナー	酵母の無細胞抽出液によるアルコール発酵
1912	ウィーラント	生体酸化メカニズム（脱水素反応）を提唱
1933	エムデン，マイヤーホフ	解糖系代謝産物の同定
1935	シェーンハイマー，リッテンバーグ	代謝研究に同位体（アイソトープ）を使用
1937	クレブス	トリカルボン酸回路
1955	早石 修	酸素添加酵素の発見

つまり、ヒドロキシプロリンはプロリンから変化してできることがわかった。

同位元素を用いた追跡実験は代謝の研究の大変有力な手段である。初めてこれが行われたのは一九三五年のことだから（表4）、ずいぶんと早い時期にコラーゲンの研究に応用されたわけである。

一九四九年に、ステッテンは今度は重窒素を含むヒドロキシプロリンを合成し、ネズミに与えてみた。驚いたことに、ネズミのコラーゲンのヒドロキシプロリンには重窒素は取込まれなかった。つまり、コラーゲンの中のヒドロキシプロリンは、遊離のヒドロキシプロリンに由来しないのである。

プロリンの取込み実験からヒドロキシプロリンの取込み実験の間に五年の間隔がある。この間にステッテンは何をしていたのだろうか。つぎの実験の準備に時間がかかったのか、それとも他の仕事をしていたのか、私にはわからないが、おそらく、現代のような「論文を出版するかクビになるか（publish or perish）」というせちがらい時代ではなかったのだろう。

さて、当時、タンパク質を構成するアミノ酸は、それぞれの遊離のアミノ酸に由来すると信じられていたので、このヒドロキシプロリンの結果は大変興味深いものであった。ヒドロキシプロリンはプロリンがヒドロキシ化（水酸化）されてできると思われるが、それは遊離の状態で起こるのではない。コラーゲンの合成の途中でヒドロキシ化が起こるのだろう。では、それはどの段階だろうか。

今なら、たとえばこれを大学院の入試問題に出したとしたら、ほとんどすべての受験生が「翻訳後修飾」と正答するに違いない。

しかし、それがわかるようになったのは、一九六〇年代に入って、タンパク質の合成メカニズムや遺伝情報の発現機構が明らかになって（表３）からである。

さて、一九六一年に私は東京医科歯科大学医学部の硬組織生理研究施設の助手になった。ここでは、硬組織を研究しなければならない。硬組織とは骨や歯のことである（バイアグラを飲んで硬くなる組織は硬組織ではないのだ）。骨や歯を生化学的に研究するとすると、当時はどうしてもコラーゲンになってしまう。今なら、骨芽細胞や破骨細胞の分化、調節やそれにからむ因子などいろいろなテーマを見つけることもできたろうが。

そういうわけで、私はコラーゲンの研究を始めることになった。「コラーゲンが好きだから」やりだしたのではなかったので、研究に深みがでなかったのかなあと、今反省している。

体の中では、たくさんの酸化反応（ヒドロキシ化反応もその一つである）が起こっている。生体内の酸化反応の基本は脱水素反応であることがウィーラントにより提唱され、一般に信じられてきた（表4）。このメカニズムに従えば、ヒドロキシ化はまず脱水素反応が起こって、生じた二重結合に水が添加されて起こる。この場合、ヒドロキシ基の酸素原子は水の酸素原子に由来する。

ところが、一九五〇年代の後半に、分子状酸素（つまり空気中のO_2）によって直接ヒドロキシ化が起こる（この反応を触媒する酵素は酸素添加酵素またはオキシゲナーゼとよばれる）こともあることがわかった（表4）。この場合、導入されたヒドロキシ基の酸素原子は分子状酸素に由来する。

コラーゲンのプロリンヒドロキシ化反応はどちらのメカニズムで起こるのだろうか。そこで、私たちは重酸素をトレーサー（追跡実験に用いる目印の同位元素）にして、ヒドロキシプロリンのヒドロキシ基の酸素原子の由来を調べることにした。重酸素^{18}O（原子量一八、非放射性）を含む水をイスラエルから購入し、電気分解をして^{18}Oを含む酸素ガスをつくった。ちなみに、一ドルが三六〇円の時代で、日本はとても貧乏だった。^{18}Oの水はすごく高価で一回の実験に当時のお金で数万円かかった。緊張して手が震えて、かえって何回か失敗してしまった。

コラーゲン合成系としては、ニワトリの胚を用いることにした。一二～一三日目のニワトリの胚は活発にコラーゲンを合成している。図7に示すように、大きなデシケーターにかえりかけの卵数個と、重酸素ガスを満たしたゴム風船を入れる。ゴム風船はなかなかいいものがなくて、エイズ予防にも使うあのゴム製品の最高級のものを研究費で購入した。デシケーター内に窒素を流して手早く空気と置き換えたのち、風船を割れば、重酸素を含む空気ができあがる。こうして、三七度で二四時間保温したのち、胚を取出し、加水分解後ヒドロキシプロリンを単離して^{18}O含量を質量分析計で分析した。今の機器と違って、当時の質量分析計はひどい難物であったが、その話はやめるとしよう。

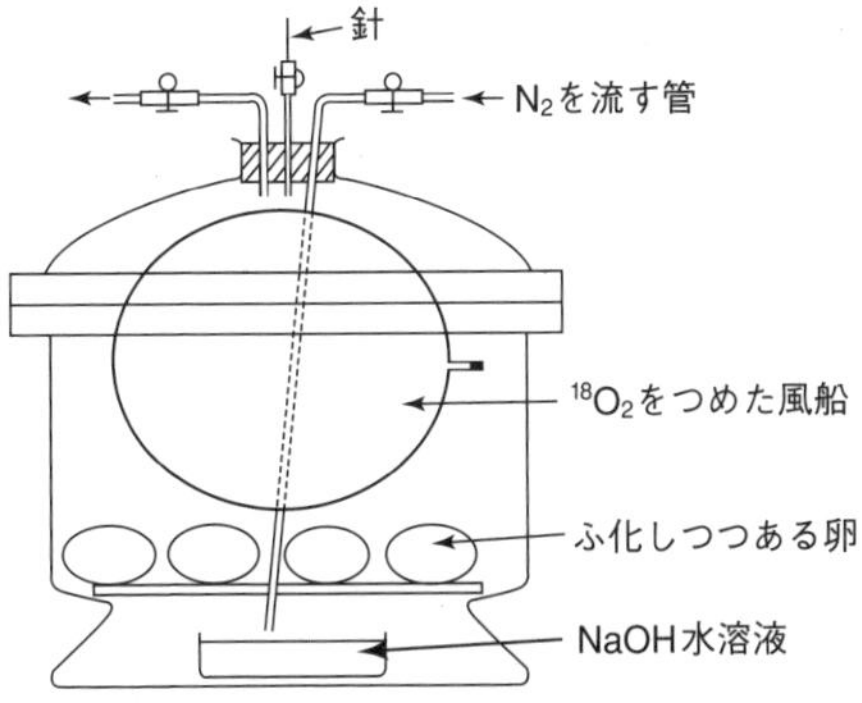

図 7　^{18}Oトレーサー実験

私たちの実験結果は、空気の酸素がヒドロキシプロリンのヒドロキシ基に取込まれる——すなわちプロリンのヒドロキシ化はオキシゲナーゼ機構で行われることを明白に示していた。

そこで、私は早速これを論文に書いて発表したいと思った。

研究者が何か成果を得れば発表する。発表には学会やシンポジウムでの発表もあるが、最も公式の発表は学術雑誌（ジャーナル）に論文を掲載することである。研究は第一義的には論文で評価される。

私たちはまず国内の酵素化学シンポジウムで発表し、つぎに英文の論文を書くことにした。酵素化学シンポジウムはずいぶん昔に中止になってしまったが、当時は生化学領域では最先端の学会であった。真夏に行われたが、今と違って会場には冷房がない。そこで窓を閉めるわけにはいかず、したがってスライドやＯＨＰを使うわけにいかない。それゆえ、かなり長くて詳しい予稿集をつくり、そこに掲載された図表をもとに発表が行われた。もちろんワープロもパソコンもないから、本文も図表も手書きだった。そんな時代であった。

私たちは、一九六二年の酵素化学シンポジウムにこの結果を発表してから、急いで英文の論文を書いた。

学術ジャーナルは、各分野ごとに多数の種類がある（現在は一九六二年ごろよりも、さらにたくさん刊行されている）。どのジャーナルに投稿するのかは、なかなかの問題である。

論文は大きく分けて速報とフルペーパーの二種類がある。速報は重要な成果を素早く報告するためのもので、論文の長さに制限がある。その代わり、投稿してから早ければ数週間で出版される。フルペーパーは研究内容を詳しく発表できるが、投稿してから印刷されるまでに数カ月かかってしまう。私たちはBBRCと略称される生化学・生物物理学の速報誌に論文を投稿したがあっさり却下（リジェクト）されてしまった。急いで出版する価値がないという理由だった。そこで、私たちは速報をあきらめ、レギュラーの論文にまとめて別の雑誌に投稿した。これは無事に採択（アクセプト）された。

ところが、^{18}Oを用いたほとんど同じ内容の論文が、数カ月後にあのBBRCに掲載された。アメリカのグループによる研究である。また、日本語で書いた私たちの酵素化学シンポジウムの予稿集の論文を「要請によって英訳したのでお知らせする」というような手紙が（差出人がどこだか忘れてしまったが）舞い込んできた。私はびっくりした。

これらの出来事は、論文の出版についていろいろ考えさせてくれた。まず論文の採択・却下の判断は、当たり前の話だが、論文の審査員や雑誌の編集委員の主観に左右されることである。同じ内容の論文でも、ある人はヨシと判断するし、ある人はダメと判断する。

後年、私もいくつかの雑誌の編集委員をやった。二人の審査員に原稿を送ると、ヨシにせよダメにせよ、ぴったり一致した意見が返ってくるのはむしろまれだった。

若い研究者の皆さん。投稿した論文が却下されたとしても、あんまりがっかりする必要はない。

自分と同じ価値観をもつ審査員のいそうな別のジャーナルに再投稿すればよいのである。

論文の内容の評価について審査員の主観が入るのは当然だが、投稿者の知名度とか、個人的関係とか、国籍とかで評価が変わることもあるようで、これはフェアでない。

論文を投稿する際、どのような「格」の学術雑誌を選ぶかも問題になる。同一の研究分野に複数の学術雑誌が発行されている場合（たいていの分野がそうなのだが）、格とかランクのようなものが存在する。格やランクが上位の、つまり一流の雑誌の論文は、多くの図書館や研究室や個人が購読しており、研究者の目にとまる機会が多い。当然、他の論文のなかに引用されることが多くなる。

昔は、なんとなく「格」のようなものが考えられていたが、最近は論文の引用回数を数えて、定量的にランクづけが行われるようになった。大変な作業だが、コンピューターの発展のおかげである。ある学術雑誌に掲載された論文が引用された回数を、論文の数で割ったものがインパクトファクターで、これでランクづけされる。インパクトファクターの大きなものほど、ランクの高いジャーナルということになる。

生命科学関連の論文の出版される雑誌のなかでは『ネイチャー』とか『サイエンス』とか『セル』といった雑誌は、インパクトファクターが高いことで有名である。

一般的にいうと、外国で発行されている国際的な雑誌の方が、日本の雑誌よりも、残念ながらインパクトファクターが高い。日本のなかで比べれば、大きな学会の発行している雑誌の方が、一つの大学が発行している雑誌や紀要よりも、ランクが上ということになる。

論文を出すのなら、インパクトファクターの高い雑誌に掲載したいと思うのは当然である。しかし、そのような雑誌は審査が厳しく、なかなか採択されない。また、外国の雑誌に投稿すると、日本人はその国の研究者に比べて審査の際不利だとか、審査中にデータを盗まれてしまうといった話も聞く。極東の島国の研究者のひがみかもしれないが。日本でネイチャー級の雑誌を発行しようという意見もある。このためにはお金がずいぶんかかるらしいが、お金を投ずればできることでもなさそうである。

一方では、論文の価値は内容で決まるのであり、どのジャーナルに掲載されたのかは問題でないという意見がある。これは正論である。私の恩師の故江上不二夫先生もその意見であった。先生は、論文を出すなら、日本の雑誌でよい。日本語で書いてもよいのだと言われていた。なんでも、物理学の朝永振一郎先生のノーベル賞受賞のもとになった論文は、（戦時中のことだったけれども）日本語で書いたものだったという話もされた。日本語の論文でも、アメリカ人は興味があれば英語に翻訳するという。そういえば、先に述べた酵素化学シンポジウム予稿集の件もその例だったのだろう。

とはいうものの、時代が進み、昔と状況は変わってきた。現在のように、こんなに論文がたくさん出ては、他の研究者の目にとまり、認められるのはなかなか難しい。科学全分野では、六千種類のジャーナルがあり、一年間に百万報以上の論文が出ているそうである。生化学の分野に限っても、有力なジャーナルだけで数十誌はある。朝から晩まで論文を読んで暮らしていても、とても全部は読みきれない。ある人の試算によると、論文の五〇パーセントは、発表後五年たっても一度も引用されない——つまり、誰にも相手にされず消えていくという。

インパクトファクターの高い雑誌に論文を出したいという研究者の願いを否定するわけにはいかない。しかし、この思いが強すぎると弊害が起こる。やっぱり「論文は内容が大事だ」ということを頭に入れておかなければいけない。

最近は、教官の選考などの際、候補者の業績を、発表した雑誌のインパクトファクターで評価するという話をきく。ちょっと行き過ぎではないだろうか。

さて、話をコラーゲンのプロリンヒドロキシ化に戻そう。コラーゲンタンパク質の合成途中でプロリンのヒドロキシ化が起こるわけだが、具体的にはどの段階だろうか。表3に示したように、一九六〇年代のはじめに、タンパク質の合成メカニズムや遺伝情報の発現機構の大筋が明らかになってきた。すなわち遺伝子DNAの中に書き込まれた情報は、mRNA(メッセンジャーRNA)として転写され、細胞核の外に運び出される。一方、二〇種類のアミノ酸はまず活性化され、それからそれぞれのアミノ酸に特異的なtRNA(転移RNA)と結合する。そしてmRNAの情報

(遺伝暗号)に従ってtRNAに結合したアミノ酸が重合していく。それはリボソームという構造体で起こる、などが明らかになった。

そこで、プロリンがヒドロキシ化されてヒドロキシプロリンに変換されるのは、プロリンが活性化された段階か、tRNAと結合した段階か、それともペプチド鎖に組込まれた後の段階のいずれかだろうと思われた。

プロリンのヒドロキシ化に酸素が必要だということがわかると、アメリカのユーデンフレンドやプロコップは、試験管内でコラーゲンを合成する系を組立て、これから酸素を除いてやるとどうなるかを調べた。そうすると、ヒドロキシプロリンを含まず、その代わりにプロリンを含んだコラーゲン様のポリペプチド鎖が蓄積することを見いだした。そこに酸素を戻すと、ポリペプチド鎖の中のプロリンはヒドロキシ化されてヒドロキシプロリンになった。

すなわち、プロリンのヒドロキシ化はポリペプチド鎖に組込まれた後で起こることがわかった。今日の言葉でいえば**翻訳後修飾**ということになる。

ペプチド鎖の中の特定のプロリンをヒドロキシ化する酵素はプロリルヒドロキシラーゼと命名され、プロコップらにより純粋な形で取出された。この酵素の反応には、酸素のほかに、アスコルビン酸(ビタミンC)、二価の鉄イオン、α-ケトグルタル酸が必要である(図8)。

プロリンのヒドロキシ化に関する研究のその後の発展については、3章6節で述べる。

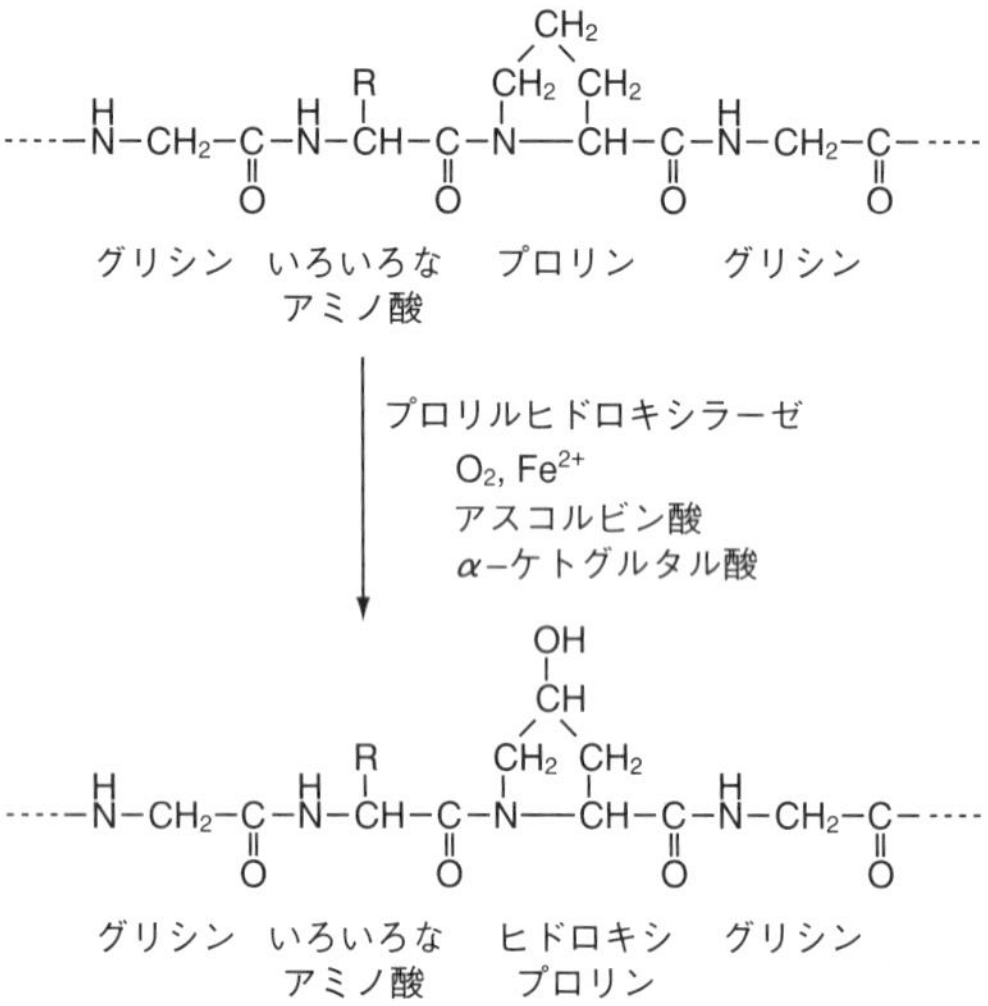

図 8　ヒドロキシプロリンの合成反応

せっかくプロリンのヒドロキシ化に酸素が必要なことを見つけておきながら、ユーデンフレンドやプロコップのようにどうして研究を発展できなかったのだろうと私は後で悔やんだ。

一口でいえば、それは「非力さ」のせいだろう。当時、ようやく開発されたばかりのタンパク質の無細胞合成の系をコラーゲンに早速応用して実験を行う力も意欲も私たちにはなかった。タンパク質の無細胞合成系などは、遠い別の世界の出来事のように思っていた。それに、「コラーゲンの生合成は重要な問題だ。オレが根こそぎ解明してやる。」という情熱や思い入れに欠けていた。

私たちは、^{18}Oのトレーサー技術を使って、他のヒドロキシアミノ酸の合成の研究へ進路を曲げてしまった。

何か結果を得たときに、「つぎに何をやるか」はとても大事である。いや、「つぎに何をやれるか」というべきかもしれない。そこには、研究上の総合的な力がものをいう。

石田寅夫さんの書いた「あなたも狙え！ノーベル賞」（化学同人、一九九五年）という面白い本があるが、そのなかにも、日本人がせっかく何かを見つけても研究を展開させる力が弱く、「腕力の」ある外国人との競争にたちまち負けてしまう話が何度も出てくる。

2　アミノ酸配列の解明

コラーゲンの分子は三本のポリペプチド鎖が特殊な複合三重らせんをつくっている。このような立体構造をもつタンパク質は、ほかにはほとんど例がない。

タンパク質はそれぞれが固有な立体構造をもっていて、生物活性を発揮するためには、その立体構造が必要である。熱や酸・アルカリ、濃い尿素などの処理によって、立体構造が壊れると（変性という）、生物活性は失われる。一九六〇年代はじめに、アメリカのアンフィンゼンは、リボヌクレアーゼという酵素を一度変性させてから、またもとと同じ立体構造を再生させる実験に成功した

表 5　タンパク質の化学構造研究の進展

年	研 究 者	研 究 内 容
1941～44	マーティン,シンジ	沪紙クロマトグラフィーの開発
1945	サンガー	アミノ末端決定法
1953	サンガー	インスリンのアミノ酸配列決定
1956	ソーバー	イオン交換セルロース
1958	スタイン，モア	自動アミノ酸分析計
1958	ポラート	ゲル沪過法
1961	アンフィンゼン	変性タンパク質の再生 (アミノ酸配列が立体構造を決める)
1964	オルンスタイン, デイビス	ディスク電気泳動
1965	メリフィールド	リボヌクレアーゼの有機合成
1967	エドマン	アミノ酸配列分析装置

(表5)。

タンパク質の鎖（ポリペプチド鎖）は基本的には二〇種類のアミノ酸が結合してできている。どんなアミノ酸がどのような順序で結合しているのかを**「アミノ酸配列」**または「タンパク質の一次構造」という。

アンフィンゼンの実験は、タンパク質の立体構造はアミノ酸配列によって決まることを示している。すなわち、タンパク質のアミノ酸配列は、そのタンパク質の最も基本的な情報である。

タンパク質のアミノ酸配列を最初に決定したのはイギリスのサンガーである(表5)。決定したのはインスリンという糖代謝に関係するホルモンであった。サンガーは沪紙クロマトグラフィーと自らが開発したペプチドの末端決定法を駆使してアミノ酸配列を決定した。インスリンは二本の鎖からできていて、

A鎖とよばれる鎖は二一個のアミノ酸から、B鎖とよばれる鎖は三〇個のアミノ酸からできている。つまり、とても小さなタンパク質である。

数年後にはリボヌクレアーゼという酵素のアミノ酸配列が決定されたが、これも一二四個のアミノ酸からできた小さなタンパク質である。

コラーゲンの分子は二本のα1鎖と一本のα2鎖からできているが、どちらの鎖も分子量が約一〇万である。ということは、アミノ酸が約千個つながっていることになる。これは、一九六〇年代はじめまでにアミノ酸配列が決定されたタンパク質に比べると、桁違いに大きい。コラーゲンのアミノ酸配列を決めるのは、気が遠くなるような仕事である。それでも研究は世界の数箇所の研究室で進められた。その間に、タンパク質やその断片（ペプチド）を分離するいろいろな手段（イオン交換クロマトグラフィーやゲル沪過法、ディスク電気泳動法など）が開発され、またアミノ酸配列決定法も進歩した。特に、エドマンの開発したアミノ酸配列分析装置（シークエンサー）は大きな威力を発揮した。

一九七三年には、α1鎖について一〜四〇二番目までがネズミの皮のコラーゲンで、また残りの四〇三〜一〇一一番目がウシの皮のコラーゲンについてアミノ酸配列が決定され、二つをつなぎ合わせると、とりあえずα1鎖のアミノ酸配列を見ることができた。同一の種（ウシ）での全アミノ酸配列が決定されたのはその一〇年後の一九八三年のことであった。

今日では遺伝子DNAの塩基配列順序の解析から、タンパク質のアミノ酸配列をずっと速やかに知ることができるようになった（3章1節）。コラーゲンももちろん例外でない。遺伝子の解析から明らかになったヒトのコラーゲン（I型、2章3節参照）のα1鎖のアミノ酸配列が図9に示してある。

コラーゲンの全アミノ酸の三分の一がグリシンであるが、アミノ酸配列を調べてみると、グリシンは正確に三つ目ごとに存在していた。つまり、コラーゲンの鎖は**グリシン-X-Y**の繰返しでできていたのである。今日では、たくさんのタンパク質のアミノ酸配列が明らかになっているが、このような規則的な繰返しがものすごく長く続くような配列はめったにない。

遺伝子の解析ではわからないが、グリシン-X-YのYの位置にあるプロリンは、プロリルヒドロキシラーゼの作用によって、ほとんどがヒドロキシプロリンに変換されている。

グリシンが三つ目ごとにあること、プロリンとヒドロキシプロリンがたくさんあることが、特異な複合三重らせん構造をつくる秘密である。このことは、人工的にグリシン-プロリン-ヒドロキシプロリンの繰返しをもつペプチド鎖を合成してみると、コラーゲンと同じ複合三重らせん構造をつくることでも確かめられた。ちなみに、グリシン-プロリン-プロリンの繰返しペプチドは三重らせんをつくることはできるが、ずっと不安定である。つまり、プロリンのヒドロキシ化は、三重らせんの安定化に必要なのである。

	QLSYGYDEK	STGGISVPGP	MGPSGPRGLP	GPPGAPGPQG
FQGPPGEPGE	PGASGPMGPR	GPPGPPGKNG	DDGEAGKPGR	PGERGPPGPQ
GARGLPGTAG	LPGMKGHRGF	SGLDGAKGDA	GPAGPKGEPG	SPGENGAPGQ
MGPRGLPGER	GRPGAPGPAG	ARGNDGATGA	AGPPGPTGPA	GPPGFPGAVG
AKGEAGPQGP	RGSEGPQGVR	GEPGPPGPAG	AAGPAGNPGA	DGQPGAKGAN
GAPGIAGAPG	FPGARGPSGP	QGPGGPPGPK	GNSGEPGAPG	SKGDTGAKGE
PGPVGVQGPP	GPAGEEGKRG	ARGEPGPTGL	PGPPGERGGP	GSRGFPGADG
VAGPKGPAGE	RGSPGPAGPK	GSPGEAGRPG	EAGLPGAKGL	TGSPGSPGPD
GKTGPPGPAG	QDGRPGPPGP	PGARGQAGVM	GFPGPKGAAG	EPGKAGERGV
PGPPGAVGPA	GKDGEAGAQG	PPGPAGPAGE	RGEQGPAGSP	GFQGLPGPAG
PPGEAGKPGE	QGVPGDLGAP	GPSGARGERG	FPGERGVQGP	PGPAGPRGAN
GAPGNDGAKG	DAGAPGAPGS	QGAPGLQGMP	GERGAAGLPG	PKGDRGDAGP
KGADGSPGKD	GVRGLTGPIG	PPGPAGAPGD	KGESGPSGPA	GPTGARGAPG
DRGEPGPPGP	AGFAGPPGAD	GQPGAKGEPG	DAGAKGDAGP	PGPAGPAGPP
GPIGNVGAPG	AKGARGSAGP	PGATGFPGAA	GRVGPPGPSG	NAGPPGPPGP
AGKEGGKGPR	GETGPAGRPG	EVGPPGPPGP	AGEKGSPGAD	GPAGAPGTPG
PQGIAGQRGV	VGLPGQRGER	GFPGLPGPSG	EPGKQGPSGA	SGERGPPGPM
GPPGLAGPPG	ESGREGAPGA	EGSPGRDGSP	GAKGDRGETG	PAGPPGAPGA
PGAPGPVGPA	GKSGDRGETG	PAGPAGPVGP	AGARGPAGPQ	GPRGDKGETG
EQGDRGIKGH	RGFSGLQGPP	GPPGSPGEQG	PSGASGPAGP	RGPPGSAGAP
GKDGLNGLPG	PIGPPGPRGR	TGDAGPVGPP	GPPGPPGPPG	PPSAGFDFSF
LPQPPQEKAH	DGGRYYRA			

図 9　ヒトＩ型コラーゲン α1鎖のアミノ酸配列（遺伝子の解析から明らかにされたもので，ヒドロキシプロリンはプロリンとして示されている）．P：プロリン，G：グリシン．コラーゲンはプロリンとグリシンを多く含む（本文参照）．
S. Ayad, *et al.*, “The Extracellular Matrix Facts Book”, p.30, Academic Press (1994) より引用・改変．

A：アラニン，C：システイン，D：アスパラギン酸，E：グルタミン酸，F：フェニルアラニン，H：ヒスチジン，I：イソロイシン，K：リシン，L：ロイシン，M：メチオニン，N：アスパラギン，Q：グルタミン，R：アルギニン，S：セリン，T：トレオニン，V：バリン，W：トリプトファン，Y：チロシン（アミノ酸一文字表記）

プロリンのみの重合体（ポリプロリン）は左巻きのらせんをつくるが、三重らせんはつくれない。三重らせんをつくるためにはグリシンが三つ目ごとに存在することが必要である。

グリシンの側鎖は水素原子である。つまり側鎖が最も小さなアミノ酸である。三重らせん構造では、三本のポリペプチド鎖の中のグリシンが交代にらせんの内部に位置している。つまり、側鎖の最も小さなグリシンだからこそ、これが可能なのだと考えられている。

α1鎖の約千個のアミノ酸のうち、両端の十数個から二十数個はグリシン-X-Yの繰返しでできていない。実際、この部分は三重らせん構造をつくっていない。この部分がテロペプチド（9ページ）である。

さて、コラーゲンのα鎖は約千個のアミノ酸からできている。他の多くのタンパク質に比べてずっと大きい。千個のアミノ酸配列を決定するのはもちろん大仕事だが、その前に、コラーゲンのα鎖がはたしてひと続きのポリペプチド鎖かどうか疑問視されていた。

一九五〇年代の半ばには、コラーゲンはひと続きのポリペプチド鎖ではなくて、何本かのポリペプチド鎖がペプチド結合以外の結合をしてできあがっているのだという仮説が提出されていた。ギャロップ、サイフターらは、この問題を詳しく検討した結果、コラーゲンのα鎖のサブユニット説を唱えた（一九五九年）。彼らは、コラーゲンのα鎖をヒドロキシルアミンやヒドラジンのような試薬（求核試薬）で処理すると、断片化されて分子量が約二万の断片ができることを見いだした。ペプチド結合はこのような処理では切断されないと考えられたので、コラーゲンのα鎖は四個のサブユニットから成り、それらがエステル結合で結合してできているのだと考えたのである。

この考えに対して、他の研究者によって、類似の研究や電子顕微鏡による観察などから、基本的に支持する意見が出された。

しかし、コラーゲンのα鎖のアミノ酸配列が決定されてみると、こんなサブユニットは存在しなかった。α鎖はひと続きのポリペプチド鎖であった。

α鎖の中のある特定の配列（アスパラギン酸とグリシン）の間のペプチド結合は、ヒドロキシルアミン処理で切断されやすいこともわかった。

α鎖サブユニット説はこうして消えていった。

間違い、思い違い、誤った仮説は、科学研究にはつきものである。結局は間違いだとわかったとしても、その分野の研究を刺激し、進歩に貢献する場合がある。コラーゲンのα鎖サブユニット説もその一つで、一九六〇年代のコラーゲンの構造研究を刺激したことは確かである。

研究者は間違いを恐れる必要はない。もちろん、何度も間違えると、信用を失うことになるが。

付け加えておくと、間違いとねつ造はまったく違う。間違いは科学の進歩に貢献するが、ねつ造、でっち上げは、科学の進歩の足を引っぱってしまう。

3　コラーゲンの多様性

コラーゲンはいろいろな臓器に存在している。しかし、研究の材料としてよく用いられたのは、ネズミや仔ウシの皮、ネズミの尾の腱、コイの浮袋などのコラーゲンであった。これらのコラーゲンの最も大きなメリットは溶けた状態で得られることであった。

たとえば、ネズミでも骨や軟骨のコラーゲンは、酸で抽出してもほとんど溶けない。ヒトのコラーゲンは、どの臓器のものでも溶かすのは難しい。なぜ溶けないのかといえば、それはコラーゲン分子の間の橋かけ（架橋）の差と思われる。これについては2章6節で述べる。

しかし、溶解性に差はあっても、研究者たちは、どんなコラーゲンも基本的には（つまりアミノ酸配列については）同じものと考えていたようである。

ところが一九六九年にアメリカのミラーらは軟骨のコラーゲンが皮膚のコラーゲンと、異なる構造をもつ（つまりアミノ酸配列が異なる）ことを発見した。軟骨のコラーゲンはいろいろな方法で抽出してもほとんど溶けない。それゆえ、研究材料として利用する人が誰もいなかった。ところが、架橋生成を阻止する薬剤（β-アミノプロピオノニトリル、69ページ）を与えて飼育したニワトリの軟骨を使うと、可溶性コラーゲンが得られることが見つかった。そして、このコラーゲンを調べてみると、α1鎖二本とα2鎖一本から構成されてはいなくて、同一の鎖三本から構成されていることがわかった。この鎖は、皮膚のα1鎖ともα2鎖ともアミノ酸組成が異なっていた。

そこで、軟骨のコラーゲンは従来知られていた皮膚などのコラーゲンとは異なる分子種であり、従来のコラーゲンをI型、軟骨のコラーゲンをII型とよぶことを提案した。

α鎖についても、従来のα1鎖はα1（I）鎖、α2鎖はα2（I）鎖と、また軟骨のα鎖はα1（II）鎖と表すことになった。

「どの組織のコラーゲンも同じである」という先入観にとらわれず、しかも「溶けない」軟骨のコラーゲン繊維を溶かし出す技術を用いて、コラーゲンの多様性を発見したミラーらの仕事は立派なものである。

しかしそれ以上に評価されるのは、この発見がその後のコラーゲン研究に与えた影響の大きさであろう。これをきっかけに続々と新しいコラーゲンの分子種（型）が発見されていった。これについては後で述べる。また、いろいろな臓器、組織におけるコラーゲンの各型の分布と存在比が詳細に調べられたし、さまざまな生物学的あるいは医学的な現象――発生・器官形成・加齢・炎症・傷の治癒やその他の病変などに伴う各型の存在比の変化も詳しく研究された。そして各型のコラーゲンの遺伝子とその発現の調節の研究や、各型のコラーゲンの分解酵素の研究などへと広がっていった。

コラーゲンの多様性の発見と、次節で述べるプロコラーゲン（コラーゲン前駆体）の発見によって、おもに物理化学的研究の材料であったコラーゲンが、一九七〇年代には生物学的・医学的研究の対象に「変身」していったのである。

さて、これまでは、コラーゲン研究が、他の分野の研究の進展を取入れて、どのように進んできたのかを中心に述べてきた。この節でもそのように話を進めようと思ったのだが、はたと困ってしまった。コラーゲンの多様性の発見は、他の分野の知識や技術のめざましい進展をもとにしているのではない。それはコラーゲンのα鎖を分け取る技術、α鎖を断片化する技術、α鎖のアミノ酸配列の知識、架橋とその生成阻害の知識と技術など、コラーゲン研究の独自というか「自前の」方法や技術をもとにしているのである。

つまり、コラーゲンの生化学的研究は、成長し、一人前になったということができるだろう。

ところで私はといえば、一九六三年の秋にアメリカに留学した。この時代、日本はまだとても貧乏だった。一ドルが三六〇円である。日本を出国するときには二〇〇ドルしか持ち出せなかった。アメリカまでの片道の航空運賃がおよそ五〇〇ドル。これは、私にとっては大金だった。大学の助手であった私の月給はたしか一万八千円（五〇ドル）ぐらいであったと思う。アメリカでもらった月給は約四五〇ドル。

アメリカに入国する際には、胸部の大きなX線写真が必要だった。結核の国日本から来たということなのだろう。

アメリカに着いてまもなく、ケネディ大統領が暗殺された。――まあ、こんな時代だった。昔話をするときりがないので、またコラーゲンの話に戻ろう。

私が留学した先はボルチモアにあるメリーランド大学医学部のアダムス先生の研究室だった。アダムス先生はヒドロキシプロリンの分解の専門家だったが、私が日本でヒドロキシプロリンの生合成をやっていたことを考えたうえで、下さったテーマはミミズのヒドロキシプロリンの生合成であった。

コラーゲンにはヒドロキシプロリンという特殊なアミノ酸が存在することは前に述べた。ウシやネズミのコラーゲンでは、ヒドロキシプロリンの含量は約一〇パーセントで、プロリンの含量（約一三パーセント）よりちょっとだけ低い。さて、ミミズの皮（クチクラ）もコラーゲンでできている。大変奇妙なことに、このコラーゲンのヒドロキシプロリン含量はとても高く、対照的にプロリンの含量はとても低い（表6）。これを見つけたのはワトソンという学者だが、もちろん二重らせんのワトソンとは違う人である。

こんなミミズの皮のコラーゲンのヒドロキシプロリンは、哺乳動物の場合（2章1節）と違って、

表 6　ミミズとカイチュウのコラーゲンの分析

	部　位	含　量（%）	
		ヒドロキシプロリン	プロリン
ミミズ	皮	15.5	0.66
	胴体部	12.0	4.1
カイチュウ	皮	2.8	24.3
	胴体部	7.0	14.9

藤本大三郎，Adams（1964）．

別のメカニズムで合成されるかもしれないと思って実験を行った。この実験がどんな結果になったのかは省略するが、とにかくミミズの皮をむいて毎日を過ごした。皮をむいた残りの胴体の山ができた。ある日、ミミズの胴体にもしもコラーゲンがあるとしたら、そのコラーゲンのヒドロキシプロリン含量はどんなだろうと考えた。皮と同じように異常に高い含量を示すのだろうか。それとも、ウシやネズミに近い「正常な」含量だろうか。

早速やってみたところ、表6に示すようにミミズの胴体部のコラーゲンは、「正常」とはいえないが、皮のコラーゲンよりも正常に近い——つまりプロリン含量が高く、ヒドロキシプロリン含量が低いものだった。

これに元気づけられて、つぎにカイチュウについて同じような実験を行った。ヒトやブタの寄生虫のカイチュウの皮（クチクラ）もとても奇妙なコラーゲンをもっていることが知られていた。ちょうどミミズの皮と反対に、プロリン含量が非常に高く、ヒドロキシプロリン含量が非常に低い。

そこで、カイチュウの胴体部のコラーゲンを分析してみた（表6）。予想どおり、カイチュウの胴体部のコラーゲンは、皮のコラーゲンよりもプロリン含量は低く、ヒドロキシプロリン含量はずっと高かった。

つまり、同じ動物でも、組織によってプロリンやヒドロキシプロリン含量が異なるのである。私たちは一九六四年に論文を発表した。ミラーのII型コラーゲンの論文の出る五年も前のことである。

このときは、ミミズやカイチュウの胴体部のコラーゲンは純粋には取出せていなくて、コラゲナーゼというコラーゲンだけを分解する酵素の作用で生ずる断片を分析したトリッキーなものであった。その後、日本に帰国してから、カイチュウの胴体部のコラーゲンは純粋に取出し分析することができた。さらに、ブタの腎臓のコラーゲンは、ブタの皮などのコラーゲンよりもヒドロキシプロリン含量が高いことも見いだした（一九六八年）。

ミミズやカイチュウのような特殊な動物だけではなく、哺乳動物についても臓器によってヒドロキシプロリンやプロリンの含量に差があるのである。2章1節で述べたように、ヒドロキシプロリンはペプチド鎖中のプロリンがプロリルヒドロキシラーゼによってヒドロキシ化されて生成する。私は、ヒドロキシプロリンの含量の差は、プロリルヒドロキシラーゼの強さや特異性の差によるものだと考えた。

あのとき、なぜコラーゲンの多様性を考えつかなかったのだろうか。酵素の差ではなく、基質であるコラーゲンのアミノ酸配列の違いで、プロリンやヒドロキシプロリンの含量の違いは説明できる。それに、今見直すとプロリンやヒドロキシプロリン以外のアミノ酸にも差がある。たとえば、私がブタ腎臓からとったコラーゲンのアラニンの含量は七・五パーセントで、皮のコラーゲンの約一一パーセントよりも低い。このときの腎臓のコラーゲン標品は、現在の知識でいうと主としてⅣ型とⅠ型の混合物と思われるが、Ⅳ型コラーゲンの特徴を備えていたのである。しかし、私は、コラーゲンの多型性を思いつくことができなかった。

一番大きな理由は、プロリンのヒドロキシ化のことで頭がいっぱいだったことだろう。つまり、研究者としての視野が狭かったのである。一つの見方でしか見ないで、いろいろな見方でものを見ることはとても大事である。

それでは、どのようにすればいろいろな見方でものを見ることができるようになれるのかといえば、これは私にはわからない。いわゆる教養（そういえば大学の教養科目は今危機的状況にあるようだ）とか、専門の違う仲間とのディスカッション（こんな暇があったら実験しろといわれそう）とか、ゆとりのある生活環境（ウサギ小屋といわれる住宅事情とか、満員電車とか何とかしてほしい。夏休みは二カ月ぐらい山荘で過ごしたいけれど……）とかだろうか。いずれにせよ、即効性のある方法などありそうもない。

しかし、たとえ私があのときにコラーゲンの多様性を思いついたとしても、やっぱりだめだったろうなと思う。まず、そんな大きなことを言う自信がなかったろう。それから、アミノ酸配列の差に基づく多型であることの詰めの実験ができたろうか。そんな能力や研究条件があったとは思えない。30〜31ページでも述べたように、研究を遂行するには思いつきだけではだめで、総合的な力が必要なのかなあと思う。

さて、二〇一二年現在では二九種類のコラーゲンの分子種が知られている。見つけられた順番にⅠ型、Ⅱ型、Ⅲ型……と名付けられているが、たくさんになるとわかりにくい。そこで、性質や機能によって分類しようという試みがなされている（3章1節）。

これらの分子種のうち、比較的新しく見つかったものは、遺伝子の研究――つまり分子生物学的な手法により発見されたり、研究が進められたものである。したがって、コラーゲンの分子種の問題は、第3章でまた議論することにしよう。ここでは、一九八〇年ごろまでに、分子生物学の手を借りずに発見されたⅤ型までのコラーゲンについて、若干説明をしておきたい。

Ⅰ型は皮、骨、腱などの主成分のコラーゲンであり、Ⅱ型は軟骨の主成分のコラーゲンであることはすでに述べた。Ⅲ型は皮膚や血管の壁などにある。ヒトの皮膚の場合、胎児ではⅢ型はたくさんあり、全コラーゲンの約五〇パーセントを占める。新生児では約二〇パーセントに下がる。一〇歳以降では、さらに減少して、約一〇パーセントになる。

Ⅰ型コラーゲンの分子は長さ三〇〇ナノメートル、太さ一・五ナノメートルの棒のような形をしていることを述べたが、Ⅱ型の分子もⅢ型の分子もⅠ型の分子と同じぐらいの大きさで形も同じである。本体は三重らせんでできていて、両端にほんの少しだけ三重らせん構造をもたない部分がある。

Ⅰ型のコラーゲン分子は、四分の一ぐらいずつずれながら会合して繊維をつくるが、Ⅱ型とⅢ型の分子も、同じように会合して繊維をつくる性質をもっている。

ところが、Ⅳ型のコラーゲンはまるで違う。まず、分子の大きさはⅠ型などよりも大きく、また三重らせん構造をもたない部分（非らせん部分）が分子の中にたくさん存在する。分子の一方の端に大きな非らせん構造部分があるし、三重らせん構造を分断して非らせん構造が二十数箇所も存在している。それゆえ、Ⅳ型コラーゲン分子は、Ⅰ型分子のように堅い棒状ではなく、曲がりやすくフレキシブルであると考えられている。

また、Ⅳ型コラーゲン分子は「四分の一ずれ」の会合をせずに、網目状の構造体をつくるという（図10）。

体の中でⅣ型コラーゲンはどこにあるかといえば基底膜に存在している。基底膜とは、上皮細胞層と結合組織との間にある層状の構造である。というと大変難しいことのようだが、皮膚で考えると表皮（上皮細胞層）と真皮（結合組織）の間にある層状構造体である（図11）。基底「膜」という名がついているが、脂質二重層でできたいわゆる生体膜ではない。Ⅳ型コラーゲンが主成分で、それにいくつかのタンパク質や多糖成分が加わってできている。上皮細胞と結合組織の境界をつくり、物質のやりとりを調節しているし、上皮細胞の足場（3章2節）の役目も果たしている。ちなみに腎臓の糸球体の基底膜は尿を沪過するフィルターの役目をしている。すなわち、尿素のような小さな分子は通すが、タンパク質のような大きな分子は通さない。この基底膜に異常が起こると、タンパク質が尿の中に漏れ出てくる（タンパク尿）。

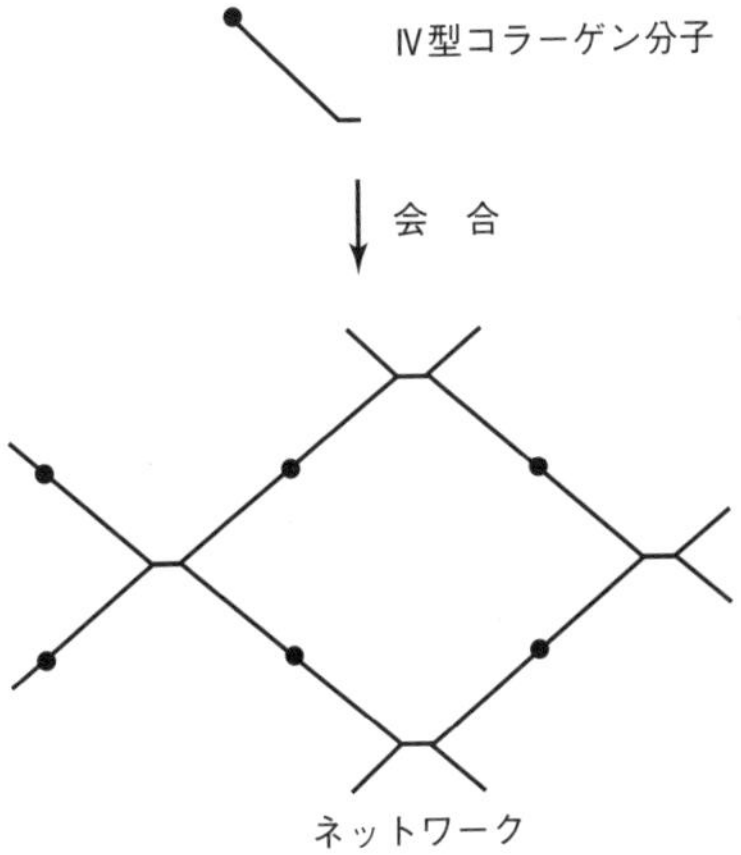

図 10　Ⅳ型コラーゲンの会合モデル

　Ⅴ型コラーゲンはまず胎盤から取出された。胎盤は血管の多い組織であり、はじめは血管の基底膜の成分ではないかと考えられたが、後に血管のない組織（角膜など）でも見つかった。皮膚（真皮）にもある。これは一九七〇年代ではなく最近わかったことだが、Ⅴ型の役割を紹介しよう。

　たとえば真皮にはコラーゲンの繊維の束が縦横に絡みながら走っていて、強くてしなやかな構造体をつくっている。基本となる繊維は、四分の一ずれ会合をしたⅠ型コラーゲンだが、そのところ

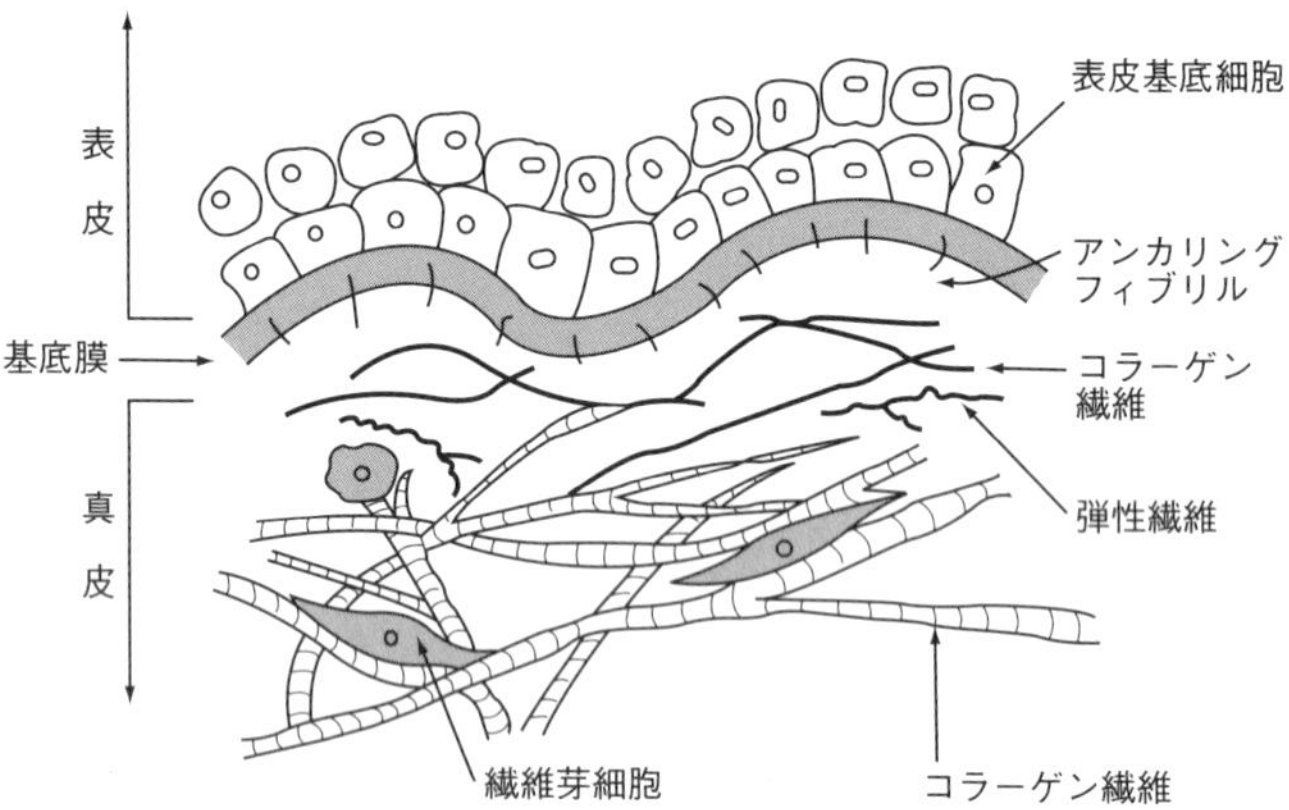

図 11 皮膚の模式図

どころにⅢ型やV型のコラーゲンが入り込んでいるらしい。真皮のコラーゲン繊維の太さは一様でなく、一般的に基底膜に近いほど、つまり表皮に近いほど繊維は細くなる。

V型コラーゲンがこの繊維の太さの調節にかかわっているらしい。V型の割合が増えると繊維は細くなり、その逆だと太くなる。次節で述べるように、I型をはじめコラーゲンの分子は端に非らせん構造をつけた前駆体（プロコラーゲン）として合成され、その後で余分な非らせん構造の部分が切取られて完成する。ところが、V型コラーゲン分子のN末端の非らせん構造はI型のものよりも大きく、完全に切取られないままに繊維の中に入り込んでしまう。そうすると、切れ残った部分は四分の一ずれ会合の繊維の中に収まりきらず、外へ突き出る。これがI型コラーゲン分子がさらに会合していくのを妨げるのだという（リンゼンマイヤーら、一九九三年）。

コラーゲンのⅠ～Ⅴ型以外の分子種やその遺伝子については、後で（3章1節）述べる。

このようにコラーゲンは大ファミリーをつくっているのだが、何といっても量が圧倒的に多く、研究も進んでいるのはⅠ型コラーゲンである。また日常利用しているのも実際上Ⅰ型コラーゲンである。今後も、特に断らない限り、コラーゲンといえばⅠ型コラーゲンと考えていただきたい。

4　プロコラーゲン

コラーゲンの分子は、まず前駆体のプロコラーゲンという形で合成されることが、一九七一年に見いだされた。アメリカのボーンスタインら、マーチンら、プロコップらが、ほとんど同時に独立に発見した。

ある発見が、複数の研究グループによってまったく独立に行われることは、しばしば起こる。よほどの天才でないかぎり、どの研究者も考えることは似たりよったりなのかもしれない。関連する技術が進み、知識が集積して、機が熟せば、同時に独立に複数の研究グループによって発見が行われるのは当然ともいえる。

プロコラーゲンの発見につながる技術といえば、培養した組織や細胞を用い、放射性アミノ酸を使ってタンパク質の合成を追跡する技術である。

組織培養とは組織片を無菌的に取出して、適当な条件下で生かし続ける方法で、一九〇七年にハリソンによって始められたという。

組織の中の細胞をばらばらに分散し、得られた単細胞を培養するのが細胞培養で、一九五〇年代に、ダルベッコらによって開発された。

組織培養や細胞培養の技術を用いると、生きた動物を丸ごと使うのと違って、条件をコントロールすることができる。細胞培養の方が系としては簡単で、条件をコントロールしやすいが、組織培養の方が生体には近い。

組織や細胞を選ぶと、特定のタンパク質を試験管内で合成させることができる。もっとも、目的とするタンパク質はこのような系では量はわずかしかできないので、放射性のアミノ酸を培養液に加えて、放射能で追跡する必要がある。この技術は一九三〇年代に開発された（表3）。

一九七〇年代のはじめには、コラーゲンの組織培養や細胞培養による合成系が確立されていて、いろいろな実験が行われた。よく用いられたのは、仔ネズミの頭蓋骨やニワトリの胚の腱や脛骨などの組織培養と繊維芽細胞などの細胞培養の系である。どちらも、コラーゲンを活発に合成する。

このような試験管内のコラーゲン合成系を用いてプロコラーゲンは発見されたのであるが、そうはいってもプロコラーゲンという前駆体が存在すると予想して探し当てたものではない。細胞はコラーゲン分子をそのままの形で産生し分泌するだろうと信じられていたし、タンパク質の合成の一般常識からもそう考えられていた。プロコラーゲンは、コラーゲン合成を注意深く観察している過程で、予想外の結果として発見されたものなのである。

当時の試験管内のコラーゲン合成系を用いた研究テーマには、たとえば、コラーゲンのα鎖がひと続きのポリペプチド鎖として合成されるのか、それともサブユニットとして合成されてから集合してできるのかの問題がある。36ページで述べたα鎖のサブユニット仮説の、合成の面からのアプローチである。この結果は、α鎖はやっぱりひと続きで合成されるのであり、サブユニットの集合ではないことを示すものであった。

さて、繊維芽細胞をシャーレの中で培養してみよう。細胞を分散した液を、栄養物の入ったシャーレに入れて保温すると、細胞はシャーレの底にへばりついて増殖する。やがて、コラーゲンの合成を始める。合成されたコラーゲンは繊維をつくって細胞のまわりに蓄積する。これは体の中の組織の状態とよく似ている。コラーゲンも普通のコラーゲンと変わりがない。

ところが、培養液の中を調べてみると、予想外のことがわかった。培養液の中にもヒドロキシプロリンを含むタンパク質が存在しているのだが、これが普通のコラーゲンとは異なる性質をもっていた。

まず溶解性だが、コラーゲンと違ってpHが中性の液によく溶ける。コラーゲンが沈殿する条件にしても沈殿しない。

このタンパク質を変性してからイオン交換セルロースのクロマトグラフィーを行うと、α1鎖ともα2鎖とも違う場所に溶出されてきた。また、ゲル沪過を行うと、α鎖よりも大きな分子量をもつらしいことがわかった。

このタンパク質にペプシンを作用させてから、変性してイオン交換クロマトグラフィーを行うと、α1鎖、α2鎖と溶出位置が同じになった。また、ゲル沪過でもα鎖と同じ大きさになっていることが示された。

ペプシンは胃に分泌されるタンパク質分解酵素である。いろいろなタンパク質を分解するが、コラーゲンの三重らせん構造は分解できない。

いや、ペプシンだけでなく、たいていのタンパク質分解酵素はコラーゲンの三重らせん構造を分解できない。分解できるのは、次節で述べる特別な酵素（コラゲナーゼ）だけである。しかし、コラーゲンが変性し三重らせん構造が壊れる（ゼラチンになる）と、ペプシンなどによって分解されるようになる。

一方、生体により近い組織培養を用いた実験では、つぎのようなことが観察された。ネズミの頭

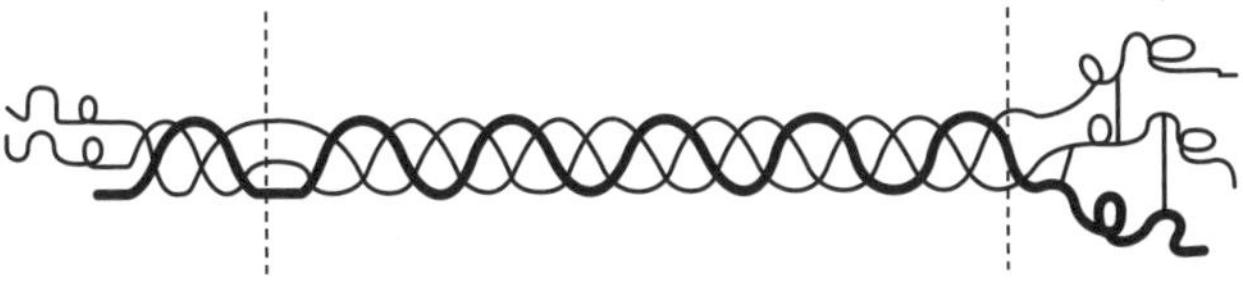

図 12　プロコラーゲン．点線のところで切断が起こり，コラーゲン分子になる．

蓋骨を用いて放射性アミノ酸の取込みを時間を追って調べてみると、放射性アミノ酸を与えた直後には α 鎖と異なるポリペプチド鎖の中に放射能が現れる。ところが時間がたつと α 鎖に移っていくことが観察された。

これらの結果はつぎのことを示している。コラーゲンは、まず大きな前駆体（**プロコラーゲン**）の形で合成される。のちに余分な部分が切取られてコラーゲン分子ができる。この余分な部分は、三重らせん構造をもっていない。そして、組織の中には、この余分な部分（**プロペプチド**とよばれる）を切取る酵素が備わっている。

プロコラーゲンの実体については、最初のうちはかなり混乱していた。プロコラーゲンの大きさも報告はまちまちだったし、余分なプロペプチドは一方の端にのみついていると主張された時期もあった。プロペプチドはタンパク質分解酵素の作用を受けやすく、実験中に組織内の酵素によって切断されることがあるのが原因だったらしい。

現在では、プロペプチドは両端に存在していることが明らかになっている（図12）。アミノ末端側のプロペプチド（N-プロペプチド）の中には短い三重らせん構造部分が存在するが、大部分は非らせん構造である。カルボキシ末端側のプロペプチド（C-プロペプチド）は、全部非らせん構造でほぼ球状をしている。

プロコラーゲンは細胞の外へ分泌された直後に特異的なタンパク質分解酵素のはたらきでプロペプチドが切取られてコラーゲン分子になる。N-プロペプチドとC-プロペプチドを切り離すのは別の酵素で、それぞれプロコラーゲンN-プロテイナーゼとプロコラーゲンC-プロテイナーゼとよばれている。

プロコラーゲンの発見とほぼ同じころ、ヒツジやウシで皮膚が異常に弱くなる皮膚脆弱症とよばれる遺伝病が見つかった。やがて、これがN-プロテイナーゼの欠損によるものであることがわかった。余分なペプチドがついているために、四分の一ずれ会合がきちんとできず、したがって正常なコラーゲン繊維ができない。その結果、異常に弱い皮膚をもつ動物が生まれてきたことがわかった。

ヒトについても、同様な欠損をもつ疾患が見つかった（エーラース・ダンロス症候群ⅦC型）。一方、C末端のプロペプチドを切取る酵素C-プロテイナーゼが欠損すると、これは致死的になってしまう。実際、そんなヒツジが見つかっているそうである。

コラーゲンがうまくできない別の病気に、骨形成不全症という遺伝病がある。この病気の人は、骨が異常に弱くて、骨折が何箇所にも起こる。骨のほかにも四肢の変形や奇形、皮膚の異常、目の強膜の異常などを伴うこともある。その原因を調べてみるとI型コラーゲンの合成に欠陥があることがわかった。

骨形成不全症の患者のI型コラーゲンの遺伝子を調べてみると、いろいろな変異のケースが見つかった。その一つは、C-プロペプチドの変異であった。C-プロペプチドに変異が起こると、三本のポリペプチド鎖が集合して三重らせんをつくることがうまくできないらしい。その結果、プロコラーゲンがうまくできず、I型のコラーゲンの合成が異常に低下してしまうと思われる。すなわち、プロペプチドの機能の一つは、三重らせん構造の形成を助けることにあるらしい。

このように、プロコラーゲンの発見をきっかけにして、いろいろな病気（結合組織疾患）の原因が分子のレベルで解明されていった。そしてプロコラーゲンの発見は、コラーゲン研究のなかでも画期的な業績として高い評価を受けるようになった。

コラーゲン分子はなぜ余分なプロペプチドを付けた形で合成される必要があるのだろうか。その理由はいくつかあるらしい。

まず、繊維形成のときまで、溶けた状態にしておくためと考えられる。コラーゲンの分子は、生理的な条件下ではすぐに会合し、繊維をつくってしまう。細胞の中でコラーゲンを合成してから、細胞の外に分泌する過程で、繊維をつくられては困る。そこで、生理的条件下でよく溶けるプロコラーゲンの形でまず合成しておく。細胞の外に運び出してから、プロペプチドを切り離せば、会合して繊維をつくり蓄積するというわけである。

また、三本のポリペプチド鎖が集まって、三重らせん構造を能率よくつくることにも役立っていると思われる。特にC-プロペプチドについては、このようなはたらきがあることを前に述べた。

さらに、切り離されたプロペプチドが機能をもつという考えも提出されている。たとえば、プロペプチドが細胞にはたらきかけ、コラーゲンの合成を調節する（フィードバック制御）可能性がある。

以上に述べたのはⅠ型コラーゲンについての話である。Ⅱ型、Ⅲ型もほぼ同じようなプロコラーゲンとしてまずつくられてから、プロペプチドが切り離される。

しかし、Ⅳ型のコラーゲンは、プロペプチドが切り離されることはない。すなわち、2章3節で述べたように、Ⅳ型コラーゲンは大きな非らせん構造部分を付けたままである。そしてこの部分は、基底膜の網目状の構造の形成に重要な役割を果たしている。

Ⅴ型コラーゲンは基本的にはⅠ型～Ⅲ型と似ているのだが、N-プロペプチドの切り離しが不十分にしか起こらない。切れ残ったプロペプチドが、Ⅰ型主体の繊維の太さを調節しているらしいことは、48ページで述べた。

その他の型のコラーゲンの、プロコラーゲンとその切り離しの状況は、さらにさまざまである。

5　コラゲナーゼ

体の中のコラーゲン繊維は、他のタンパク質に比べると速度は遅いのだが、たえず代謝回転をしているると考えられている。つまり、コラーゲンは合成される一方では分解され、入れ替わっている。成長の盛んな子供のときには、コラーゲンの合成も分解も、成人に比べてずっと活発に起こっている。また、病気になるとコラーゲンの分解が異常に速められる場合がある。たとえば、慢性関節リウマチになると、関節の軟骨や骨のコラーゲンの分解が激しく起こる。

それゆえ、体の中にはコラーゲンを分解する酵素があるはずである。しかし、コラーゲンを分解できる酵素が、動物の組織にはなかなか見つからなかった。

コラーゲンの分子は特殊な三重らせん構造をもっている。この三重らせん構造を、普通のタンパク質分解酵素――ペプシン、トリプシン、キモトリプシンなどは分解することができない。歯が立たないのである。

唯一コラーゲンを分解できる酵素として知られていたのは、ガス壊疽《えそ》の病原菌であるクロストリジウム・ヒストリティクムのつくる酵素で、コラゲナーゼとよばれていた。コラゲナーゼは一九四〇年代後半から一九五〇年代に精製・単離され（マンドルら）、その性質、特に基質特異性が明らかにされた（サイフタ－、ギャロップら、野田春彦、永井　裕ら）。

クロストリジウム菌のコラゲナーゼのほかにも、コラーゲンを分解できる酵素を見つけたという報告は、動物由来のものも含めて、いくつもあった。しかし、そのたびに否定されてしまった。コラーゲンも三重らせん構造が壊れてゼラチンの状態になれば、一般のタンパク質分解酵素で分解されてしまう。それゆえ、論点は、基質として用いたコラーゲンが未変性かどうかで、基質の調製法、反応のpHや温度が問題になる。結局、他の研究者達を納得させることができる酵素は見つからなかった。

動物の組織からコラーゲンを分解できる酵素「**コラゲナーゼ**」がついに見つかったのは一九六二年のことである（グロス、ラピエル、永井　裕ら）。

ウシガエルのオタマジャクシが変態してカエルになるときには、大きな尾が消失する。オタマジャクシの尾も主体はコラーゲンであるから、コラーゲンを分解する酵素が活発に作用していると思われる。しかし、変態時のオタマジャクシをすりつぶし、生理的食塩水で抽出した液には、コラゲナーゼの活性を見いだすことはできなかった。

コラゲナーゼは量が少なく、しかも組織のコラーゲンに結合しているのかもしれないと考えたグロスらは、オタマジャクシの組織を、コラーゲンのゲル（コラーゲンのpH中性の溶液を温めると繊維をつくってゲル状になる）の中で培養してみた。三七度で二四時間培養すると、オタマジャクシの組織のまわりのコラーゲンのゲルが分解され溶解していることが見つかった。

普通、組織や細胞を培養するときには、培地に動物の血清を加える。細胞増殖を促進するいろいろな成分が含まれているからである。

ところがグロスの研究室では、そのときは、組織培養のセットアップができておらず、血清が手元になかったのだという。

「これがラッキーだったのだ」と後でグロスは語っている。「もしも血清が手元にあったなら、動物コラゲナーゼを見つけることはできなかったに違いない。」

「運も実力のうち」とよく言われる。また、セレンディピティ（serendipity）という言葉がある。掘り出しものを見つける能力のことである。一八世紀のおとぎ話からつくられた言葉だそうだが、この話の主人公たちが思いもかけない財産をうまく発見することに由来しているという。

科学の世界でも幸運が大発見につながった例はたくさんある。たとえばペニシリンを発見したフレミングである。フレミングはインフルエンザの研究のために、毎日シャーレの中で細菌を培養していた。ある日、カビが混入して、そのカビの周りが透明になっていた。細菌の培養時にカビが混入することはままあることで、これは細菌培養の失敗を意味する。普通の研究者なら、そのシャーレを捨ててしまうところだが、フレミングは、カビが細菌を殺す物質を分泌していると考え、研究を進めた結果ペニシリンを発見した。

つまり、無菌操作に失敗してカビが混入したという偶然が、大発見につながったというわけである。

ところで、その数年前に、フレミングは同じような経験をしていたそうだ。ある日風邪をひいていたフレミングは、細菌が増殖したシャーレを調べているうちに、鼻水を一滴シャーレの中に落としてしまった。つぎの日、シャーレを見てみると、鼻水の落ちた部分の細菌が溶けて透明になっていた。鼻水の中に細菌を殺す物質があると考えたフレミングは研究を進め、鼻水の中にあったリゾチームという酵素が細菌を溶かすもとであることを突き止めた。

このリゾチームの経験があったから、カビの混入したときも、捨ててしまわず、細菌を殺す物質へと研究を発展できたのだという。ペニシリンの発見は単なる偶然や幸運のせいではないという意見もある。でも、それではフレミングが丈夫で風邪をひかない人だったら、そして実験がうまくて鼻水なんかをシャーレに垂らさなかったら……などと考えてしまう。

この鼻水の話は本当なのか、ちょっと怪しい。逸話というのはとかく面白くつくられる。それに、成功した人は、普通、成功の理由を幸運と言いがちなのだそうである。成功は自分の実力のおかげと言う人はめったにいないという。

しかし、風邪をひいて実験した人や不器用でカビを混入させてしまった人はフレミングの前にたくさんいたはずだが、誰もペニシリンを発見することはできなかった。やっぱり、セレンディピティのせいだろうか。

それでは、成功しなかった研究の話も聞いて欲しい。もちろん私自身のことである。実はコラーゲンの研究と違うので、大脱線ということになるが、お許し願いたい。

一九六〇年代の終わりに、ちょっとコラーゲンの研究に飽きたことがある。何か別のことがやりたくなった。コラーゲンのプロリンのヒドロキシ化の研究を長くしていたので、コラーゲン以外のタンパク質に起こる修飾反応の研究をしようと思った。

ヒストンという、細胞の核に存在するタンパク質がある。塩基性の――つまりプラスの電荷をたくさんもったタンパク質で、ＤＮＡのマイナスの電荷を中和するかたちでＤＮＡと結合している。このヒストンのなかのリシンにアセチル基が結合したり（アセチル化）、とれたり（脱アセチル化）していることがわかっていた。また、ヒストンの中のセリンやトレオニンにリン酸基が結合したり（リン酸化）、とれたり（脱リン酸化）していることもわかっていた。どちらの反応も、ヒストンの電荷の状態を変える反応である。それは、ヒストンと遺伝物質ＤＮＡとの結合の強さを変えることを意味する。つまり、とても「面白そう」な反応なのである。しかし、これらの反応を触媒する酵素は見つけられていないか、見つかっていても十分研究が進んでいなかった。

そこで、ヒストンのアセチル化・脱アセチル化の研究をしようか、それともリン酸化・脱リン酸化の研究をしようかと迷った。

結局、たいした理由もなくヒストンのアセチル化・脱アセチル化の研究をすることにした。当時、東北大学の大学院生だった井上　晃さんや堀内健太郎さんの協力を得て、ヒストンのアセチル化と脱アセチル化を触媒する酵素を抽出し、部分精製し、性質を調べた。特にヒストンの脱アセチル化酵素は、私たちが初めて存在を証明したものである（一九六九年）。

しかし、まもなく研究は手詰まりの状態になってしまった。この酵素の生理的な意義を知りたいのだが、どのように実験を進めてよいのかわからない。やがて、私は「浮気をやめて」コラーゲンの研究に戻ることにした。

ところが、最近になって、ヒストンのアセチル化・脱アセチル化がとても注目されていると堀内さんに教えてもらった。図13に示すように関連論文の数が急激に増加している。二〇一二年には、累計一万以上になっている。特にヒストンの脱アセチル化酵素（ヒストンデアセチラーゼを略記してHDACとよばれている）はその阻害剤が新しいタイプのがん治療薬になる可能性があるというのでたいへん注目されているという。

また、あのとき、ヒストンのアセチル化をやらず、リン酸化をやっていたらどうだったろうかと思うことがある。アセチル化はヒストンにしか起こらないが、リン酸化はいろいろなタンパク質で起こる。リン酸化を触媒する酵素プロテインキナーゼの研究は、はじめはヒストンを基質に使用し

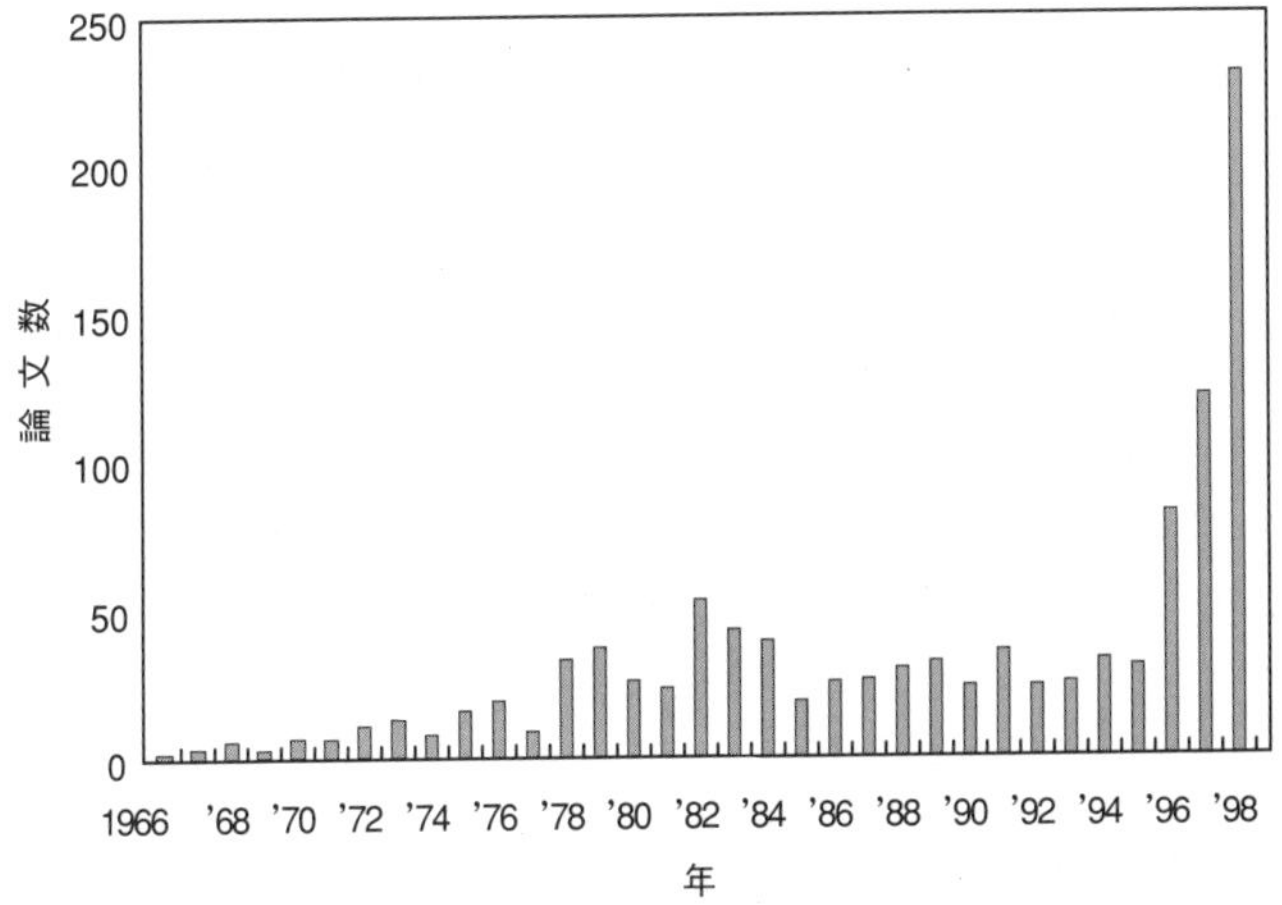

図 13　ヒストンのアセチル化・脱アセチル化関連の文献数．Pub Med による検索．Pub Med の URL は http://www.ncbi.nih. gov/PubMed/.　堀内健太郎博士提供．

て進んでいき、やがて細胞内情報伝達の大きな流れへと発展していった。

「あのときやってればなあ…。」昔の仲間と酒をのむときのサカナにもってこいである。

幸運は、その運に気づく心をもっている人にのみ舞い込んでくるそうで、普通の人がただ待っていてもだめらしい。

さて、話を本題に戻そう。動物の組織や血清の中には、コラゲナーゼの作用を阻害する物質があることがわかった。だから、動物の組織をすりつぶしてつくった抽出液の中には、いくら探してもコラゲナーゼを見つけることができなかったし、血清を加えて組織を培養していたら、やっぱりコラゲナーゼを見つけることができなかったはずである。

コラゲナーゼは、オタマジャクシの組織だけでなく、哺乳動物のいろいろな組織や細胞にも存在することがわかった。

この酵素は、コラーゲン（Ⅰ型）の分子の三重らせん部分に作用して、図14のように、三本の鎖を一箇所でズバッと切断する。

コラーゲン分子の三重らせん構造は、四〇度ぐらい——つまり体温より少し高い温度で変性するように設定されている。コラゲナーゼによって分子が切断されると、生じた断片の変性温度はもとの分子の変性温度よりも五度以上低い。すなわち、体温でたちまち変性し、三重らせん構造が壊れる。そうすると、他のタンパク質分解酵素によってばらばらに分解されるようになる。

体や臓器の枠組をつくるコラーゲンは、壊れては困るので頑丈にできている。といっても、頑丈すぎても困る。壊したいときには壊れてくれないと困る。コラーゲンの変性温度とコラゲナーゼによる分解は、生物の体の実に巧みな仕掛けの一つの例である。

コラーゲンが一種類、つまりⅠ型しか見つかっていなかったころは、話はこれで済んでいた。コラーゲンの多様性がわかってくると、コラーゲンの分解の方も複雑になってきた。これまで述べてきたコラゲナーゼはⅠ型のほか、Ⅱ型、Ⅲ型のコラーゲンも分解できる。しかし、Ⅳ型、Ⅴ型のコラーゲンは分解できない。

一方、Ⅳ型、Ⅴ型のコラーゲンを分解する酵素も見つかった。この酵素はⅠ型コラーゲンを分解

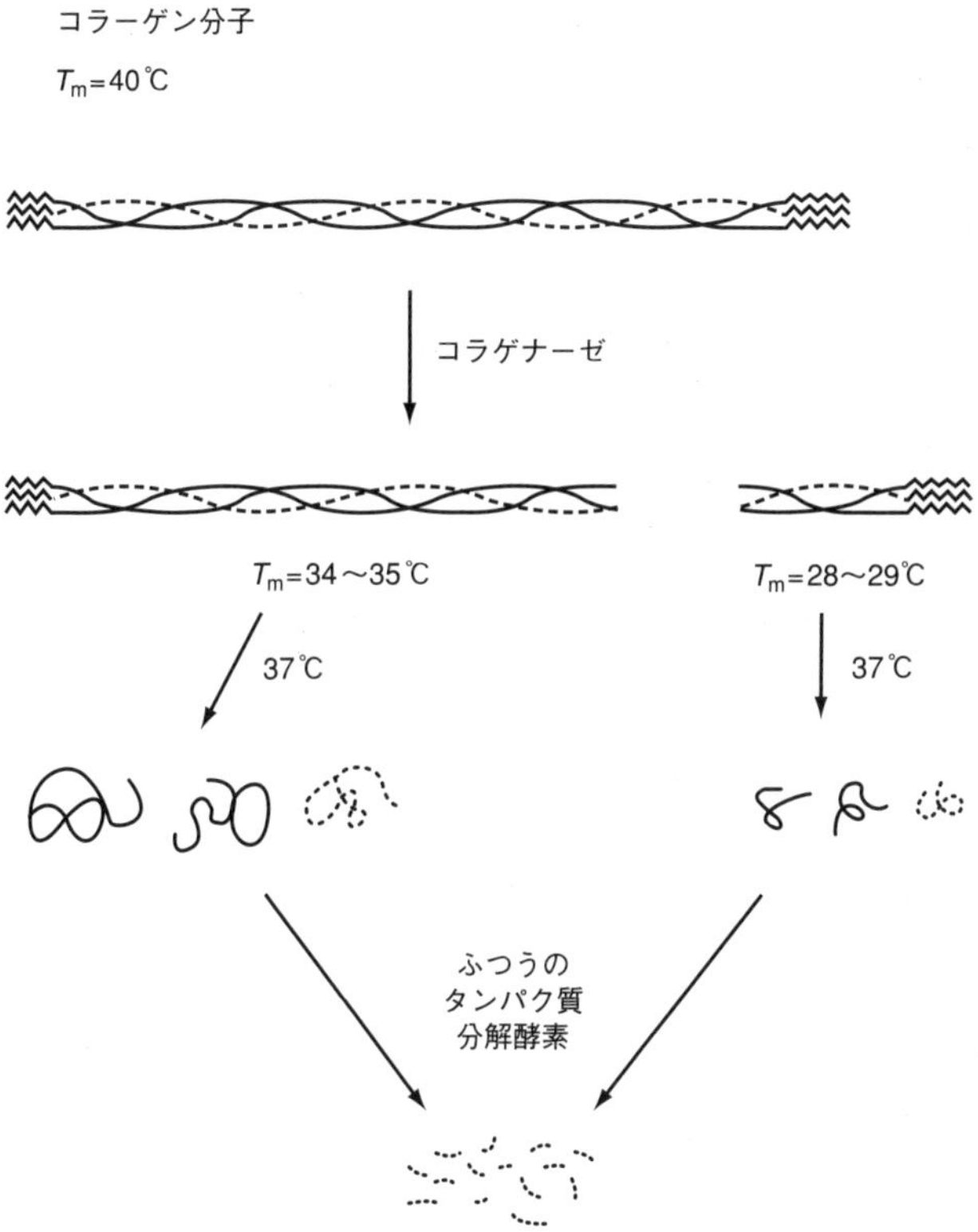

図 14　コラゲナーゼによるコラーゲン分子の分解. コラゲナーゼはコラーゲン分子を1箇所切断する. 生じた断片は体温で変性する. そうするとふつうのタンパク質分解酵素で分解されるようになる.

することはできないが、変性したゼラチンの状態なら分解する。そこで、Ⅳ型コラゲナーゼとかゼラチナーゼとよばれた。

また、Ⅲ型、Ⅳ型などのコラーゲンを分解するストロメライシンという酵素も見つかった。コラゲナーゼ、ゼラチナーゼ、ストロメライシンの構造を調べてみると、アミノ酸配列がかなり似ている。また、どの酵素も活性中心に亜鉛をもっていて、さらにカルシウムが活性に必要である。そのほかにも共通の性質があって、これらは同じファミリーに属する酵素と思われた。そこで、このファミリーをMMP（matrix metalloprotease の略）と名づけ、コラゲナーゼをMMP-1、ゼラチナーゼをMMP-2、ストロメライシンをMMP-3とよぶことが提案された。

MMPの仲間は、その後増え続け、二〇種類以上にもなった。新しい展開については、3章5節で述べる。

体の中で、MMPがむやみにはたらいて組織を分解されては困る。これらの酵素は、厳重なコントロールのもとにおかれている。

まず、MMPは繊維芽細胞のような組織の細胞や炎症細胞、がん細胞などでつくられるのだが、「引き金」があって、引き金を引かないと生産されない。引き金を引く因子にはサイトカイン、細胞増殖因子、発がん促進物質、がん遺伝子産物、起炎物質などいろいろなものが知られている。

また、MMPはまず活性のない大きな分子（プロ酵素）の形で生産され、細胞の外で余分な部分が切取られて活性化される。活性化を行うのは別のタンパク質分解酵素である。

さらに、MMPと結合してそのはたらきを止める阻害物質が存在している。血液の中にもあるが（$α_2$－マクログロブリンなど）、組織の中にもある（TIMP、tissue inhibitor of metalloprotease）。TIMPにもいくつかの種類がある。

6 架橋物語

未熟架橋

うすい酢酸で溶かし出したコラーゲンの溶液を中和してから三七度くらいに温めてやると、天然の繊維と同じ周期構造をもつ繊維が試験管の中にできてくる。したがって、コラーゲンの分子の中には、四分の一ずれて会合して繊維をつくる能力が備わっている。分子を構成しているポリペプチド鎖の中の特定のアミノ酸（群）が、別の分子の四分の一ずれた位置にある特定のアミノ酸（群）と相互作用をする結果である。相互作用をする力は、イオン結合、水素結合、疎水的相互作用など、いわゆる弱い結合（非共有結合）によっている。

コラーゲン溶液から試験管の中でつくったばかりの繊維に、また酸を加え低温で放置すると、繊維は溶けてしまう。ところが、人工的につくった繊維を三七度で長い間放置しておくと、しだいに溶けにくくなる。

似たような現象は、実は体の中のコラーゲン繊維でも観察される。合成されたばかりのコラーゲン繊維は、合成から時間のたった古いコラーゲン繊維よりも溶けやすい。当然、胎児や生まれたての動物のコラーゲン繊維は「若い」コラーゲン繊維の割合が高いので、溶けやすい。

コラーゲン繊維の溶解性は、動物の種や組織によっても違う。若いネズミの皮膚や尾の腱のコラーゲン繊維は、うすい酢酸によってかなりの部分を溶かし出すことができる。しかし、骨や歯などのコラーゲン繊維はなかなか溶けない。ヒトのコラーゲン繊維はどの組織のものも溶けにくい。同じI型のコラーゲンでも、繊維の溶解性や安定性に大きな差がある。

結論を先に言えば、この差は、コラーゲン分子間をつなぐ共有結合の橋かけ（**架橋**）の差を反映しているのである。

コラーゲンの架橋成分の生理的重要性を示す現象にラチリズムという奇病がある。スイートピーの仲間の植物（*Lathyrus*）を食べた若い動物に、骨の奇形、大動脈瘤、腱の断裂などの病変が起こることが一九三〇年代から知られていた。どれも、コラーゲン繊維の強さが異常に低下していることを示している。

一九五〇年代には、スイートピーから活性物質が単離され、β-（N-γ-グルタミル）アミノプロピオノニトリルであることがわかった。さらに、もっと簡単なβ-アミノプロピオノニトリル（図15）が同じ作用をもつことが示された。

一九五〇年代の終わりに、グロスらは、β-アミノプロピオノニトリルを用いて実験を行った。この薬剤を与えた動物のコラーゲン繊維は、骨のものも皮膚のものも、容易に溶かし出すことができた。溶かしたコラーゲンは、試験管の中で繊維を再生する能力があった。アミノ酸組成は見かけ上正常のものと変わりがない。このコラーゲンを加熱変性させ、三本の鎖をばらばらにしてみると、すべて分子量一〇万のα鎖になった。

一方、正常なコラーゲン繊維はずっと溶けにくいのだが、溶けてきた部分を熱変性させてみると、分子量が一〇万のα鎖とともに、分子量が二〇万のもの（β鎖）や、分子量が三〇万のもの（γ鎖）の存在することがわかった。β鎖はα鎖二本が、またγ鎖はα鎖三本が共有結合で架橋されていると考えられる。

つまり、コラーゲン繊維が体の中でその役目を果たすためには、単に分子が会合して繊維をつくるだけでは不十分で、分子と分子の間の架橋が必要なのである。ラチリズムの動物では、この架橋がつくれなくなっている。それでは、コラーゲンの架橋の化学的正体はどんなものであろうか？

架橋の化学構造の研究の皮切りは、他の多くのコラーゲンの研究がそうで

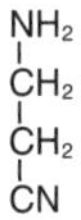

図15　β-アミノプロピオノニトリル

あったように、皮膚や尾の腱などからとれる可溶性コラーゲンを用いてであった。

一九六〇年代のはじめに、ピーズらは、コラーゲンのポリペプチド鎖のアミノ末端側のテロペプチドの中の特定のリシンが酸化されてアルデヒドになっているのを見いだした（図16）。そして、このアルデヒドが別のポリペプチド鎖の中のアルデヒドとアルドール縮合を起こすと架橋が形成され、二本のα鎖が結合してβ鎖ができることを提案した（図17）。

リシンを酸化してアルデヒドに変える反応はリシルオキシダーゼという酵素によって触媒され、β-アミノプロピオノニトリルはこの酵素の強い阻害剤であることもわかった。したがって、この薬物を投与した動物では、コラーゲンのリシンはアルデヒドに変化しない。

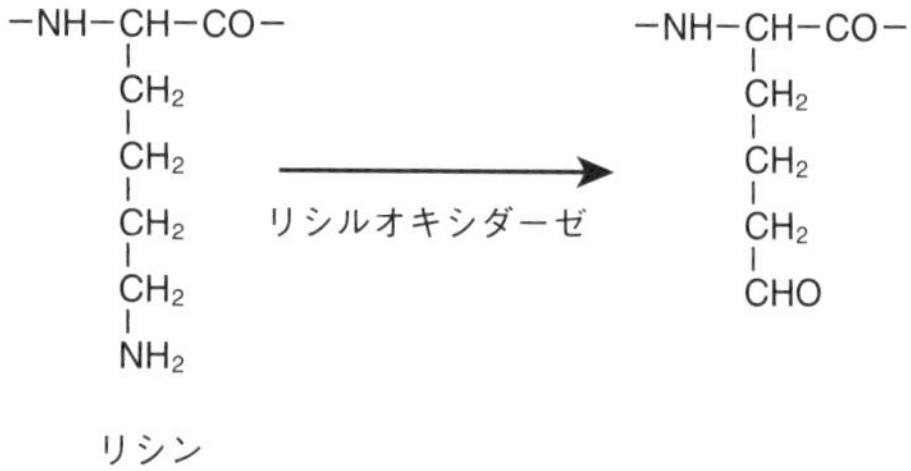

図 16　リシルオキシダーゼの反応

ところで、可溶性のコラーゲンにもあるこのタイプの架橋は、同一分子中の二本のα鎖をつなぐ架橋である。つまり、分子内架橋である。しかし、分子内架橋は繊維の安定性に寄与しそうもない。繊維の安定に重要なのは分子と分子の間をつなぐ分子間架橋のはずである。

分子間架橋の研究は、不溶性のコラーゲン繊維を相手にしなければならないので、ずっと困難であった。しかし、β-アミノプロピオニトリルが、分子内架橋だけでなく分子間架橋の生成も阻止してしまうことは、分子間架橋もまたリシン由来のアルデヒドから生成することを示唆していた。

分子間架橋の解明に重要な寄与をしたのは、イギリスのベイリーらとアメリカのタンザーらである。一九六〇年代の終わりに、彼らは独立に、リシンまたはヒドロキシリシン由来のアルデヒドが、別の分子のリシンまたはヒドロキシリシンの側鎖のアミノ基とシッフ塩基を形成することにより分子間架橋ができるという考えを提出した（図18）。

シッフ塩基は不安定な化合物で、酸によって分解されてしまう。タンパク質の構成成分を研究するときには、タンパク質を塩酸と加熱して加水分解した後、単離するのが常法だが、シッフ塩基化合物はこの操作中に壊れてしまうので、取出すことができない。

しかし、うまい手があった。水素化ホウ素ナトリウムで還元してやると、加水分解にも耐える安定な化合物に変えることができた。このときに、トリチウム（水素の同位元素、放射性）の入った水素化ホウ素ナトリウムを使うと、生成物にトリチウムが入り、放射能で追いかけることができるようになった。ま

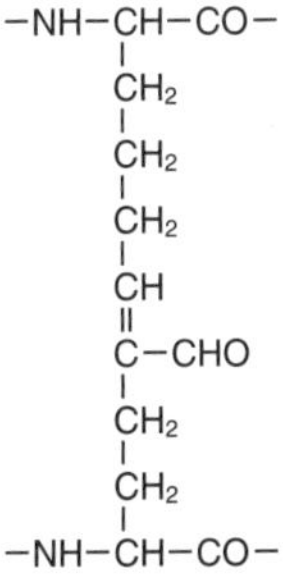

図 17　アルドール縮合架橋

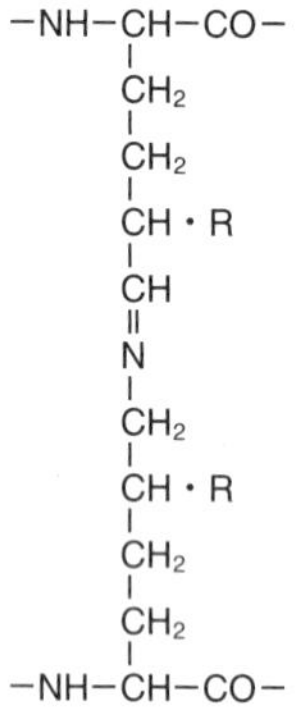

(R は H または OH)

図 18　シッフ塩基架橋

さに一石二鳥である。

この方法を用いて、コラーゲンの中に数種の架橋成分があることがわかった。これらは**還元性架橋**とよばれる。

アルデヒドとその相手が、リシンに由来するかヒドロキシリシンに由来するかで、いろいろな組合わせができる。

リシン由来のアルデヒドとヒドロキシリシンの間でできるシッフ塩基架橋は、ネズミの皮膚や尾の腱のような、酸に溶けやすいコラーゲンに見つかった。

一方、骨や歯のような溶けにくいコラーゲンには、ヒドロキシリシン由来のアルデヒドとヒドロキシリシンからできる架橋が存在していた。ヒドロキシリシン由来アルデヒドとヒドロキシリシンから生成されるシッフ塩基化合物は、転位を起こして酢酸のような弱い酸には安定な化合物に変化すると考えられる。これが、骨や歯のコラーゲンが酢酸に溶けにくい性質をうまく説明するように思われた。

一九七〇年代の半ばまでに、この二つの主要な架橋を含めて、七種類もの還元性架橋が報告された。

もう、架橋探しはこれで終了かと思われたが、そうではなかった。

コラーゲンの分子間架橋が、動物の加齢と関係がありそうなことは古くからいわれていた。胎児や幼若な動物の結合組織は軟らかく、弱く、溶解しやすい。成熟とともに結合組織は物理的にも化学的にも強くなっていく。このような変化は、コラーゲンの分子間架橋の数が、加齢とともに増加していくためであろうという説明がされてきた。

トリチウム化ホウ素ナトリウムにより還元して安定化し、同時に放射能を導入した後で架橋を分析する手法が確立されて、架橋の構造が明らかになるとともに、これらの架橋の加齢に伴う変化が研究された。ところが、結果は予想とは反対であった。これら還元性架橋は胎児や幼若な動物のコラーゲンにはたくさんあるのだが、加齢とともに減少してしまうことがわかった（ベイリーら、一九七一年）。動物が成熟するころ——ネズミでは一歳、ヒトでは二〇歳ころまでに、これらの架橋はほとんど消失してしまう。

そこで、還元性の架橋は、未熟な架橋というか中間体にすぎず、加齢とともにもっと安定な別の構造に変化するのであろうと考えられるようになった。

つまり、成熟した動物のコラーゲンには、未知の架橋があるはずである。その架橋は、トリチウム化ホウ素ナトリウムによって還元されず、標識することができないものである。すなわち、**非還**

元性架橋である。

架橋成分はコラーゲン分子にたかだか一分子存在するぐらいの量しかない。トリチウム標識を使えないとすると、この微量の未知物質を探し当てることは、大変難しいことであった。

この非還元性架橋については、いろいろな仮説が提出された。たとえば、体の中でも、水素化ホウ素ナトリウムによる還元と同じような還元が起こっているという説が出された。これを支持する報告もあったが、否定する報告もあって、全体としては、否定的な雰囲気であった。

シッフ塩基が酸化されて、イソペプチド結合の架橋が生成するという説も出たが、この物質を単離したわけではなくて、根拠に乏しく受け入れられなかった。

成熟架橋

一九七四年に私は浜松医科大学に赴任した。新設の大学で、建物はなく女学校の古い校舎に仮住まいである。研究の設備も皆無に等しい。まあ、沪紙クロマトグラフィーぐらいならできる。前に述べたように（2章3節）、私はカイチュウのコラーゲンを研究材料の一つにしていた。浜松に移ったある日、いたずら半分に手元にあったカイチュウのコラーゲンの加水分解物を沪紙クロマトグラフィーにかけてみた。そして紫外線を当ててみると、原点の近くに紫色の蛍光を放つスポットがあることを見つけた。ニンヒドリンをかけてみると陽性である。つまり蛍光性のアミノ酸らしい。一体何だろう（これはイソトリチロシンという新規アミノ酸であることが一九八一年にわかった)。

そこで、哺乳動物のコラーゲンにも同じような物質があるかどうか調べてみた。ウシのアキレス腱のコラーゲンの加水分解物の沪紙クロマトグラムに紫外線を当ててみると、カイチュウのものよりも明るい紫色の蛍光をもつ物質がこれも原点近くに見つかった。カイチュウの成分とは違うものらしいが、一体何だろう。

文献を調べてみると、哺乳動物のコラーゲンの中に蛍光性の成分があることはすでに報告があった。しかし、その化学構造についてはまったく知られていなかった。

沪紙クロマトグラフィーの際に原点近くにとどまっているということは、大きくて複雑な構造をもつアミノ酸ではないか。つまり、架橋アミノ酸ではないか――この考えが、私の頭の中にひらめいた。ビッビッときたのである。

私は、大量のウシのアキレス腱のコラーゲンを加水分解して、この物質の単離を試みた。イオン交換セルロースのクロマトグラフィーとゲル沪過で、比較的容易に蛍光物質を単離することができた。

この物質はニンヒドリン陽性で、やはりアミノ酸の一種らしい。酸性で二九五ナノメートル、中性およびアルカリ性で三二五ナノメートルの吸収極大をもつスペクトルを示した。また三九五ナノメートルに極大をもつ蛍光を示し、励起極大は酸性で二九五ナノメートル、中性・アルカリ性で三二五ナノメートルであった。

この紫外吸収と蛍光スペクトルは、私たちになじみの深い生体物質ビタミンB_6（ピリドキシン）の仲間にとてもよく似ていることに気がついた。いろいろな既知物質との比較からこの物質は3-ヒドロキシピリジニウム誘導体であろうと推定された。そこで、3-ヒドロキシピリジン、すなわちピリジノールにちなんで、この物質を**ピリジノリン**と命名することにした（一九七七年）。

ピリジノリンをもっと大量に得るために、材料をウシの骨に変更した。約三〇〇グラムのコラーゲンを出発材料にして、約三〇ミリグラムのピリジノリンを得た。

有機化合物の構造決定の手段は、このころすでにめざましく発展していた。^{1}H-NMR（核磁気共鳴）スペクトルを測定すると、どのような状態の水素原子が何個存在するかという情報を得ることができる。また、^{13}C-NMRスペクトルを測定すると、炭素原子の状態と個数を知ることができる。構造決定のもう一つの有力な手段は質量分析スペクトルで、物質の分子量や構造の情報を得ることができる。

NMRや質量分析計は大変高価な機器であり、もちろん、わが大学にはなかった。もっとも、安い機器もそろっていなかったので、何をするにもよその機器をお借りしなければならなかったが…。友人にお願いして、NMRや質量分析スペクトルを測定してもらった。

これらの物理化学的測定と、若干の化学的実験事実とを総合して、ピリジノリンの構造を図19のように推定した（一九七八年）。

ピリジノリンの構造式は、この物質が三本のポリペプチド鎖をつなぐ架橋物質であることを示している。しかも、還元しなくても安定な、「非還元性」の架橋である。

この物質こそ、研究者達が探し求めていた成熟架橋ではないか。「ヤッタ！」と私は思った。

ところが、世の中は甘くはなかった。一九八〇年に、コラーゲン架橋の世界的権威のベイリーは、コラーゲン標品を洗浄してやるとピリジノリンは消失してしまうので、コラーゲンの本当の架橋ではなく、加水分解の際できる人工産物だと言い出した。おまけに、私たちの提出した構造式も間違いだと決めつけた。これは大変だぁ。

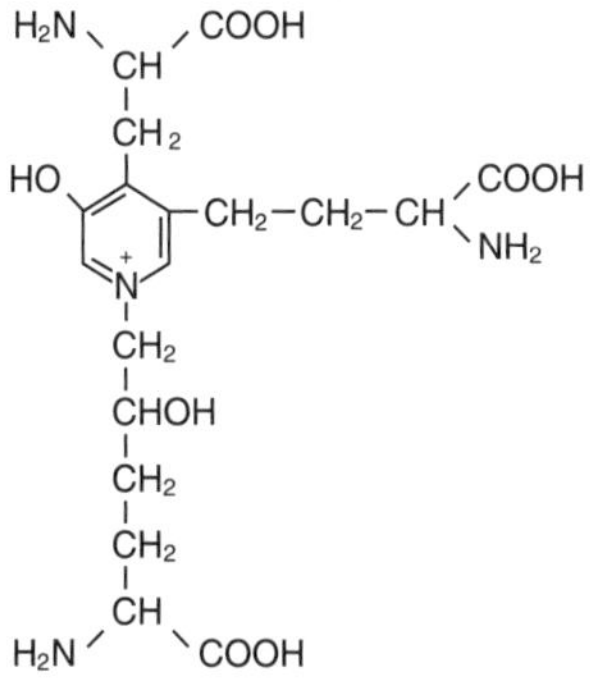

図 19　ピリジノリン

そこで私たちは、純粋なコラーゲンを酵素で分解し、ピリジノリンを含むペプチドを取出した。取出したペプチドの蛍光特性は塩酸加水分解後単離したピリジノリンとまったく同一だった。ペプチドのアミノ酸組成を調べると、ピリジノリンと他のアミノ酸の量の比は簡単な整数比であり、またこのペプチドはピリジノリン一モルに対し三モルのアミノ末端をもっていた。このペプチドのアミノ酸組成はとても特徴的で、コラーゲン分子の$\alpha 1$鎖のカルボキシ末端側のテロペプチド二本と別の分子のアミノ末端に近い三重らせん部分一本に由来すると考えると、うまく説明できた。

これらの結果は、ピリジノリンは、コラーゲンの分子間を結ぶ架橋成分であることを明確に示している。加水分解の際の人工産物ではない。ベイリーは間違っている！

私たちはすぐに反論の論文を出した。また、日本、アメリカ、チェコなどの研究室から、ピリジノリンの存在を確認する報告が出た。私はほっと胸をなで下ろしたのだけれども、ちょっとひっかかることがあった。アメリカのエイヤーは、ピリジノリンの存在を支持してくれたのだが、ピリジノリンとはよばずヒドロキシピリジニウム架橋という名前を使った。これはある先生から聞いた話だが、ある国際シンポジウムで、まずベイリーがピリジノリンを否定する報告を行い、ついで登場したエイヤーがヒドロキシピリジニウム架橋の話をしたそうだ。その先生によると、「まるで、ピリジノリンとはまったく別の架橋を見つけたような話しぶりだった。それに対しベイリーはなんにも発言しなかったよ。」そりゃないでしょ。

前述（iiiページ）の「グリンネルの研究成功マニュアル」を読むと、研究者は、自分の優位を保っておくために、汚いと思えるような小細工をいろいろすることが多いと書いてある。この件がそうだとは言わないが。

また、同じ本に、論文を書くときに、「私のこの論文は、競争相手の研究者が前に行った実験の延長上のものです」と書くのがよいとも述べられている。競争相手の研究者をもちあげるのがよいというのである。

これは気がつかなかった。私は論文を書くときには、ついつい、自分の仕事の意義のみを強調してしまっていた。もしも、ピリジノリンの論文でベイリーさんら架橋研究の先達をもっともちあげておけば、こんなイジメに遭わずに済んだかもしれない……と思う。

この一件について書くのは、実はこれが初めてではない。二、三回書いた。それを読んだ大学院生の一人が言った。「もう済んだことでしょう。しつこいな。」そうかもしれない。ベイリーさんごめんなさい。でも、また書いてしまった。

さて、ピリジノリンは酸や熱に安定であり水素化ホウ素ナトリウムでは還元されない架橋なので、成熟架橋の候補である。はたして加齢に伴ってその量が増えるかどうか早速検討した。ネズミの肋軟骨で調べると、新生仔にはピリジノリンはほとんどなく、成長とともにピリジノリン含量は急速に増加した。成熟後は、ゆっくり増え続けた。

また、ニワトリのヒナの骨のコラーゲンを生理的食塩水の中に入れ、三七度で数週間保温すると、ピリジノリン量が増加していくのが見られた。それとともに、コラーゲン繊維は安定化され、タンパク質分解酵素の作用を受けにくくなることもわかった。まさしく、ピリジノリンは成熟架橋なの

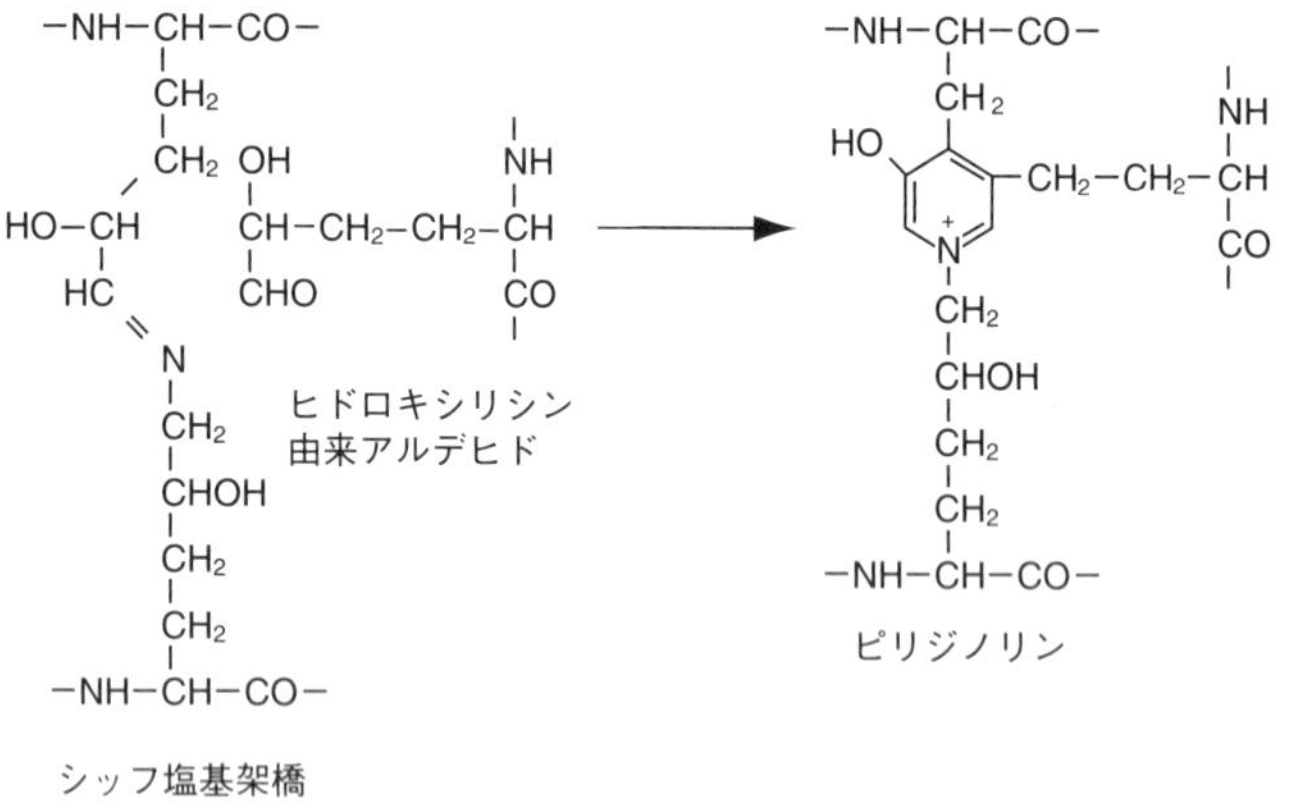

図 20　ピリジノリンの生合成反応

である。

ピリジノリンは、ヒドロキシリシンから生じたアルデヒドとヒドロキシリシンから生成するシッフ塩基型架橋に、もう一分子のヒドロキシリシン由来アルデヒドが反応してできると思われる（図20）。

ピリジノリンは骨、軟骨、アキレス腱、大動脈壁などのコラーゲンに存在する。皮膚、角膜、腎臓糸球体基底膜などのコラーゲンには存在しない。

骨のコラーゲンをよく調べてみると、ピリジノリンと似ているがヒドロキシ基が一個だけ少ない架橋が見つかり、**デオキシピリジノリン**と命名された（図21）。デオキシピリジノリンはヒドロキシリシン由来のアルデヒドとリシンから生成したシッフ塩基型架橋に、もう一分子のヒドロキシリシン由来アルデヒドが反応してできると思われる。デオキシピリジノリンは骨のコラーゲンに存在するが、その量はピリ

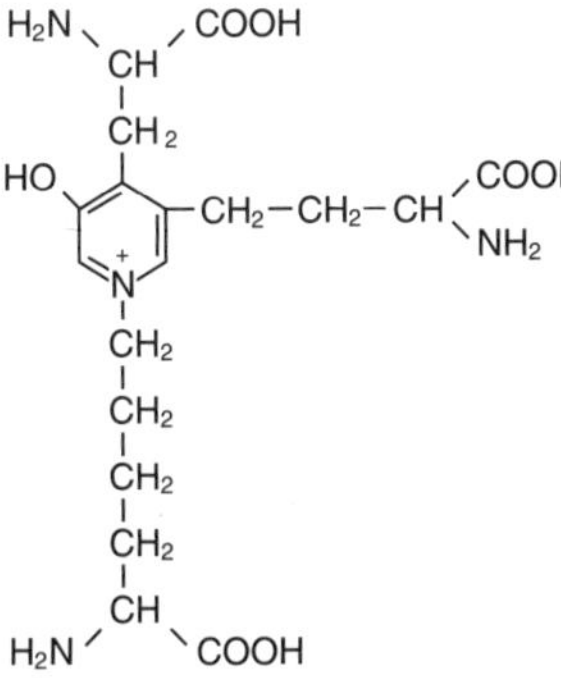

図 21　デオキシピリジノリン

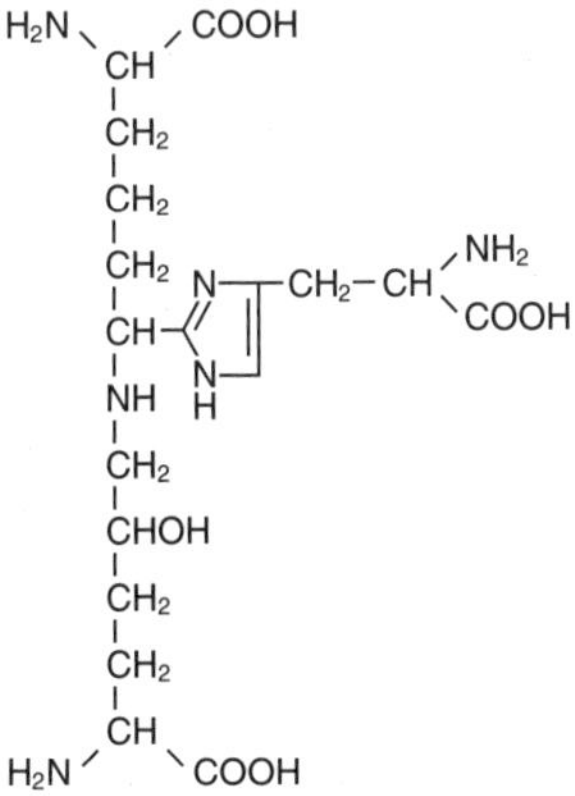

図 22　ヒスチジノヒドロキシリシノノルロイシン

ジノリンの数分の一である。軟骨や皮膚のコラーゲンにはない。

皮膚のコラーゲンにはピリジノリンもデオキシピリジノリンもないが、別の成熟架橋が存在することがわかった。ヒスチジノヒドロキシリシノノルロイシンとよばれ（図22）、リシン由来のアルデヒドとヒドロキシリシンから生成したシッフ塩基架橋にヒスチジンが反応してできる。

皮膚のコラーゲンも骨のコラーゲンも、主成分はどちらもI型コラーゲンである。それなのに異なる架橋ができる。その差はリシンのヒドロキシ化の程度の違いによるらしい。コラーゲン分子のテロペプチド内のリシンまたはヒドロキシリシンがリシルオキシダーゼの作用でアルデヒドになるのが架橋形成の第一歩である。骨のコラーゲンでは、このリシンはほとんどがヒドロキシ化されてヒドロキシリシンになっている。一方、皮膚のコラーゲンでは、ヒドロキシ化の程度が低く、大部分はリシンのままである。ヒドロキシリシンから出発すると、ピリジノリンやデオキシピリジノリンができる。リシンから出発すると、そうはならない。

架橋の違いがコラーゲン繊維の性質にどのように反映されるのかはいまだよくわかっていない。つまり、組織による架橋の差異の生理的意義は不明である。

しかし、組織による架橋の違いは、臨床検査への応用の面から注目を集めることになった。

体の中で骨はたえず合成され一方では分解されている。大人の正常な状態では、分解と合成のバランスがとれているが、年をとったり、他のさまざまな原因でバランスが崩れ、分解が合成を上回ると、しだいに骨の量が減少してくる。骨の太さは変わらないのに、骨の量が減るので、内部がスカスカになる。骨はもろく、折れやすくなり、また腰が曲がったり背が縮む原因にもなる。これが骨粗しょう症である。わが国には数百万人の骨粗しょう症の患者がいるという。

また、骨腫瘍や関節リウマチでも、骨の分解が異常に高まる。成長ホルモンが不足して背が伸びない小人症では、骨の分解は異常に低下している。

体の中で骨が分解されると、コラーゲンの分解産物が血液や尿の中に現れる。それゆえ、これらの分解産物を測定することによって、骨の代謝の様子を知ることができるはずである。

骨の代謝の様子を知るマーカーとして古くから用いられてきたのは尿中のヒドロキシプロリンで

ある。すでに述べたように、ヒドロキシプロリンはコラーゲンに大量に含まれるアミノ酸であり、普通のタンパク質には含まれていない。

しかし、あらゆる臓器のコラーゲンに含まれているので、骨の分解の特異的なマーカーとはならない。また、コラーゲンは合成途中や合成直後——つまり繊維に組込まれる前に分解されるものがかなりあることがわかってきた。それゆえ、尿中のヒドロキシプロリンは組織のコラーゲン繊維の分解を反映しているとは必ずしもいえない。さらに、ヒドロキシプロリンの一部は肝臓で代謝されてしまうし、食物の影響を受けることも問題であった。

ピリジノリンは骨・軟骨のコラーゲンに存在し、皮膚には存在しない。ちなみに、体中のコラーゲンの約四〇パーセントは皮膚にあるといわれている。

ピリジノリンはまた成熟した繊維にのみ存在する。ピリジノリンは体の中で代謝されるとは考えられない。また、食物に含まれていたとしても、体内に吸収されない。したがって、尿中のピリジノリンは、骨や軟骨のコラーゲンのよい代謝マーカーになるように思われた。

そこで私たちは、整形外科学教室の協力を得て、いくつかの病気の患者の尿中のピリジノリンを測定した。尿中のピリジノリンは遊離の状態のものとペプチドの形で存在するものがある。全体の量を測るために、尿を加水分解してから、高速液体クロマトグラフィーにかけ、蛍光で検出した。

結果は表7のようである。例数は多くなかったのだが、関節リウマチや副甲状腺機能亢進症の患

表 7　尿中のピリジノリン

	例数	年齢	ピリジノリン〔nmol/mg クレアチニン〕
正　　常	20	23～73	0.13±0.08
関節リウマチ	6	22～75	1.00±0.53
副甲状腺機能亢進症	1	72	1.02

藤本大三郎ら（1983）.

者の尿中ピリジノリン量は正常な人よりも、予想通り高いことがわかった。私たちは、尿中ピリジノリンが、骨や軟骨の代謝マーカーとして有用であると報告した（一九八三年）。

しかし、反響がほとんどなかった。実は、ピリジノリンは新規物質ということで、ある会社が特許を出願していた。私はこの会社にピリジノリンが臨床検査に使えそうだから、開発しないかともちかけたのだが、対応してはくれなかった。

ところがである。十年近くたってから、アメリカやヨーロッパ諸国の研究者たちが骨代謝マーカーとしてのピリジノリン、デオキシピリジノリンを活発に研究するようになった。特にデオキシピリジノリンの方が骨に特異的なので、注目を集めだした。

この背景には、ピリジノリンやデオキシピリジノリンに特異的な抗体が作製されて、酵素免疫測定法（ＥＬＩＳＡ）により多数の検体を短時間で測れるようになったことや、社会の高齢化が進んで、骨粗しょう症の診断のニーズが高くなったことなどがあげられるだろう。

骨粗しょう症の診断は、物理学的な方法で骨の密度を測定することに

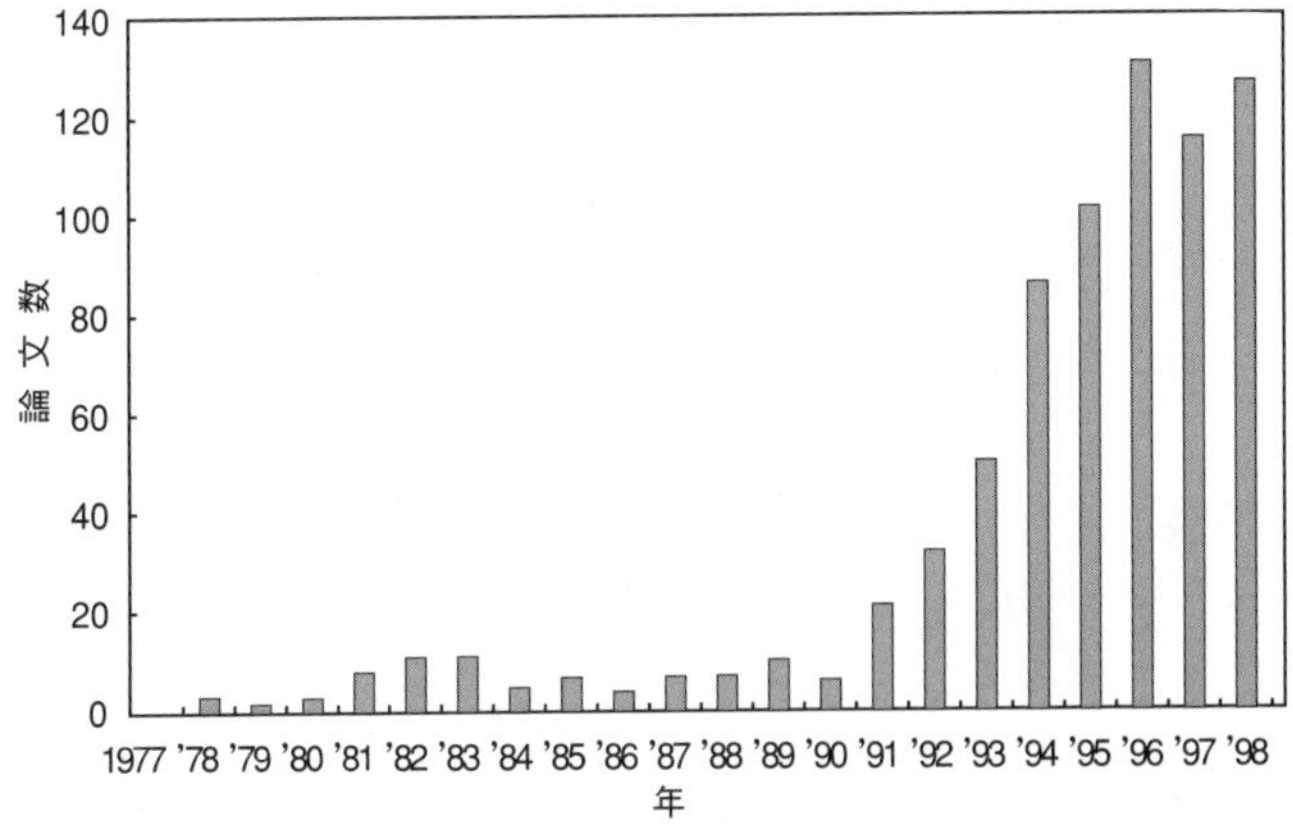

図 23　ピリジノリン関連論文数の推移．Pub Med による検索．URL は図 13 参照．堀内健太郎博士提供．

よって行われるが、骨の代謝の変化が密度の変化になって現れるのには時間がかかる。一方、骨代謝マーカーは、そのときの分解の様子がわかるから、たとえば治療の効果をフォローするのには都合がよい。

図23は、ピリジノリン、デオキシピリジノリンに関連する論文の数で、一九九〇年代から急激に増加したことがわかる。二〇一二年には累計約二〇〇〇にもなっている。

アメリカやヨーロッパで注目されると、日本でも注目される。私のところにも、日本のいくつもの会社がやってきた。

しかし、時はすでに遅く、アメリカやヨーロッパでの研究がどんどん進んでいて、特許もバッチリと押さえられていた。

最近ではピリジノリンやデオキシピリジノリン

そのものよりも、それらを含む骨由来のペプチド、すなわちⅠ型コラーゲンの架橋ペプチドを免疫学的に測定する方がよいといわれている。この方法だと軟骨（Ⅱ型）由来のものは測定にかからない。また、尿だけでなく血清も対象にすることができる。

ピリジノリンは、もう私の手を離れて、独り歩きをしているのである。

日本人の仕事で、日本ではさっぱり評価されなかったものが、アメリカやヨーロッパで評価を受けると、日本でも認められるようになったという話はよく聞く。それは、もちろん生化学に限ったことではなく、科学全体についてそうだという。

それはなぜだろう。

私は日本人の自信のなさの現れだと思う。日本が西洋化してから、まだ百年ちょっとである。アメリカやヨーロッパに追いつこうと努力して、表面的にはずいぶん差を縮めたが、まだ埋めがたい隔たりがあるようだ。歴史の重みだろうか。

アメリカでさえ、つい最近までは似たような劣等感をヨーロッパ諸国に対してもっていたそうである。生化学をみても、本当に重要な発見はヨーロッパの人か、ヨーロッパで教育を受けたアメリカ人によるものであり、アメリカ生まれのアメリカ人によるものではないと、留学していたころ、あるアメリカ人が言っていた。もっとも、現在のアメリカは自信満々のようであるが。

日本人のなかでも、私たちの世代は、欧米、特にアメリカには一目も二目もおいて育ってきた。

戦争ではムチャクチャにやられてしまったし、戦後の貧しい時代にはアメリカは憧れの国だった。学校ではアメリカは民主主義のお手本として教えられてきた。これではアメリカに頭が上がらなくなるのは当然だろう。

アメリカやヨーロッパの人たちの顔色をうかがう。自分だけでは評価や判断をする自信がない。それではどうしたらよいのだろうか。

歴史というか時間の問題であって、あと百年ぐらい必要なのかもしれない。百年後というと、明治維新から二百五十年ぐらいたつ計算になる。これは、今のアメリカの建国後の年数とほぼ同じである。

しかし、こんな年数は必要ないかもしれない。私は若い世代に期待している。「ジャパン・アズ・ナンバーワン」と言われた時代に生まれ育った人たちである。彼らには、アメリカやヨーロッパに対する劣等感はないのではないだろうか。少なくとも私たちの世代ほど強くはないはずである。もっとも、その後、バブルがはじけて、自信を失いかけているかもしれない。頑張ってほしい。

老化架橋

コラーゲン繊維の引っぱり強さや酸に対する溶解性などの性質は、動物の加齢とともに変化するが、著しい変化が起こるのは若い時期で、動物の成熟後にはあまり変化しない。この変化は、シッフ塩基型架橋から非還元性架橋への変化に対応して起こる。これは、生理的に重要なプロセスと思われる。

一方、成熟後に著しく起こる変化もある。たとえば、ヒトの腱のコラーゲン繊維をうすい酸に浸すと膨潤するが、その程度は若いヒトのコラーゲンほど大きく、年齢とともに低下する。著しい変化は二五歳を過ぎるころから起こる。つまり、老化に伴う変化である。

私たちは、さまざまな年齢のヒトのアキレス腱の臭化シアンによる分解性を比べてみた。臭化シアンは、メチオニンのところでポリペプチド鎖を切断する試薬である。I型コラーゲンの$\alpha1$鎖も$\alpha2$鎖も、数個のメチオニンを含んでいるので、コラーゲン繊維に臭化シアンを作用させると、α鎖は数箇所で切断され、繊維はばらばらになって溶解するはずである。もちろん、コラーゲン分子は、前述したように架橋で結合されているのだが、架橋は特定の場所（テロペプチドと三重らせんの特定部位の間）にだけあるので、臭化シアンによる溶解の妨げにはならない。

実際、若いヒト――一五歳のヒトのアキレス腱のコラーゲンは、臭化シアン処理により一〇〇パーセント溶解した。

ところが、年をとったヒトのコラーゲンはこの処理によって溶けにくい。六〇歳くらいのヒトのコラーゲンでは約七〇パーセントが、八〇歳くらいのヒトのコラーゲンでは約八〇パーセントがこの処理でも溶けずに残った。

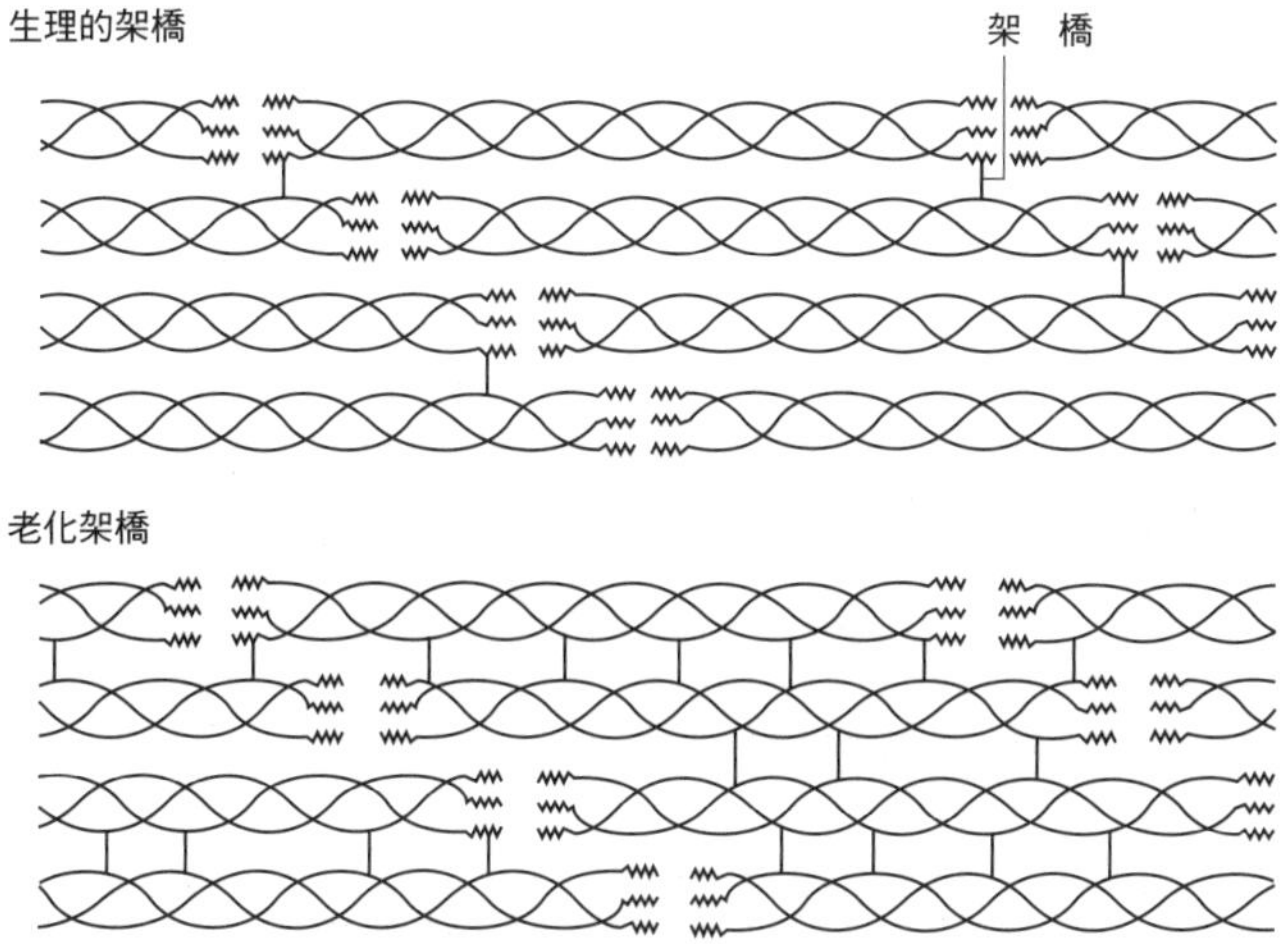

図 24　生理的架橋と老化架橋

　これらの現象は、コラーゲンの分子間に、老化とともにできる架橋があると考えるとうまく説明できる。架橋は分子間にランダムにできるのであろう(図24)。このような架橋ができると、繊維は膨潤しにくくなるし、臭化シアンで切断されても、大きな重合体のまま溶けずに残るであろう。

　この架橋は、前に述べたシッフ塩基型架橋やピリジノリンなどと違って、非生理的な架橋である。この老化架橋の生成が、皮膚にしわができたり、血管が硬くなったり、関節が動きにくくなるなどの老化現象にかかわっていると思われる。

　つまり、コラーゲンの架橋は、未熟架橋・成熟架橋・老化架橋と三段階に生成される。この**架橋三段階説**を私は一九八四年に提案した。

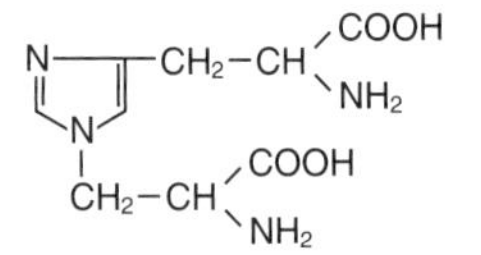

図 25 ヒスチジノアラニン

それでは、老化架橋の正体は何であろうか。

私たちは一九八二年に**ヒスチジノアラニン**という新しい架橋成分を見つけた(図25)。軟骨や血管壁の中にたくさんある。ヒトやネズミで調べてみると、一生の間、加齢とともにどんどん増え続ける。老齢のヒト(七〇歳)の組織の含量は、老齢のネズミ(二歳)の組織の含量よりもずっと高い。

一方、いろいろなタンパク質(たとえば、血清アルブミンやカゼインなど)の水溶液を試験管の中で高い温度(たとえば一一〇度)で数時間加熱すると、タンパク質の中にヒスチジノアラニンが生成することが観察された。タンパク質の中のセリンやシステインが、ヒスチジンと接近すると自然に(非酵素的に)反応してヒスチジノアラニンができてしまうらしい。

体の中では温度は低いし、タンパク質はしっかりした立体構造をつくっているので、このようなアミノ酸のニアミスは起こりにくいのだが、それでも長い年月の間には、ゆっくりとこのような反応が起こることが考えられる。そして、寿命の長いヒトの体の中にたくさん蓄積しているのは納得できる。体の中の多くのタンパク質は入れ替わりが速いのでこの反応が起こるチャンスはあまりなさそうだが、入れ替わりの遅い特定のタンパク質には、この架橋がしだいに生成していくであろう。そしてコラーゲンは代表的な入れ替わりの遅いタンパク質である。

そこで、私たちはヒスチジノアラニンがコラーゲンに存在することを期待して研究を進めた。しかし、軟骨や血管壁の中のヒスチジノアラニンはコラーゲンには存在せず、コラーゲンの周辺に存在するタンパク質に含まれていた。

残念ながらヒスチジノアラニンはコラーゲンの老化架橋ではなかった。しかし、結合組織の老化の一つの指標になるし、老化架橋の特質をよく表していると思う。

私は今もヒスチジノアラニンにすごく興味をもっている。どんなタンパク質に生成するのか知りたいし、尿中のヒスチジノアラニンが何かの疾患のマーカーになるかもしれない。

現在、コラーゲンの老化架橋として注目されているのは**メイラード反応生成物**である。メイラード反応（グリケーションともいう）とは、アミノ酸やタンパク質を糖と加熱すると、褐色に変化する反応のことで、食品の調理や加工の際に起こることはよく知られている。それゆえ、食品化学の分野では古くから研究されてきた。

大変複雑な反応で、まず、タンパク質やアミノ酸のアミノ基と、糖のアルデヒド基との間のシッフ塩基化合物の生成から始まる。この化合物が転位を起こし、さらに脱水・酸化・縮合などいくつもの反応が連鎖的に起こって、複雑な多種類の生成物ができる。生成物のあるものは褐色であり、あるものは芳香をもち、あるものは蛍光をもっている。また、あるものは、ポリペプチド鎖間の架橋の形成にかかわる。

メイラード反応の後期の生成物をＡＧＥとよぶことがある。advanced glycation end-products と老齢（age）からうまく造った言葉だが、実は化学的正体が不明の一群の物質を総称したものにすぎない。

コラーゲンの老化架橋の少なくとも一部は、メイラード反応によると思われる。老齢の人のコラーゲンはメイラード反応生成物に特徴的な蛍光をもっているが、若い人のコラーゲンにはこのような蛍光がない。また、コラーゲンをブドウ糖の溶液中で三七度でしばらく放置しておくと、コラーゲンに架橋が形成するのを観察することができる。さらに体液中の糖のレベルの高い糖尿病の患者のコラーゲンは、同じ年齢の正常な人のコラーゲンよりも架橋が多い。この点からみると、糖尿病の人は老化が促進されていることになる。

実際にどのような構造の架橋がメイラード反応の結果できるのかは、なかなかわからなかったが、やがて研究が進んで、ペントシジン、クロスリン、グリオキサルリシンダイマー、イミダゾリシン、ピラリンエーテル架橋、アセトアミド架橋などなど、いろいろな構造の架橋が候補としてあがってきた。

しかし、構造がまだきちんと決定されていなかったり、試験管内のモデル反応からの推定だったり、他のタンパク質にはあってもコラーゲン中の存在が確認されてなかったり、定量が行われていなかったりで、コラーゲンの主要な老化架橋と断定はできない。

このなかではペントシジンは最も研究が進んだものである。図26のような構造のもので、蛍光があり、いろいろな年齢のヒトのコラーゲンについて調べてみると、確かに年齢とともに増えていく。しかし、その量は八〇歳ぐらいのヒトのコラーゲンでも、α鎖一本あたり〇・〇〇五〜〇・〇三個程度である。老人のコラーゲンは臭化シアンによって切断しても溶けないので、コラーゲンのα鎖一本あたり数個の老化架橋があると予想される。それゆえペントシジンはそのごく一部を説明できるにすぎない。メイラード反応とAGEの研究の最近の進展は四章（138ページ）で述べる。

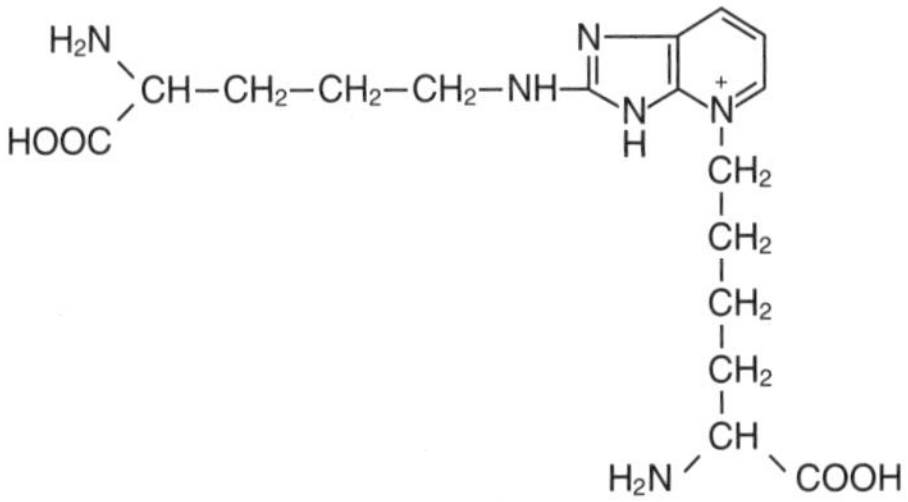

図 26　ペントシジン

メイラード反応以外にも、コラーゲンの老化架橋を生ずる反応がありそうである。たとえば活性酸素である。活性酸素とは、スーパーオキシド、ヒドロキシルラジカル、過酸化水素など反応性の高い酸素の総称である。ヒトのように酸素を用いてエネルギー生産をしている生物では、酸素の利用の際、その一部から活性酸素が生じてしまう。それが、生体の重要な成分——タンパク質、ＤＮＡ、脂質などを攻撃し、傷害を与える。

活性酸素が炎症、老化、発がんなどにかかわっていることがわかってきた。

私たちは、試験管の中で、活性酸素の一つであるヒドロキシルラジカルをコラーゲンに作用させると、架橋が速やかに生成するのを見いだした。どのような構造の架橋ができるのかは明らかではない。

活性酸素は紫外線が当たると皮膚に発生するという。その結果、皮膚のコラーゲンに老化架橋が生成し、しわやたるみの原因になる可能性がある。

メイラード反応と活性酸素の間につながりがあることが最近わかってきた。すなわち、生成に活性酸素が必須なＡＧＥがある一方、メイラード反応の進行が活性酸素の発生を伴う場合もある。

第3章　分子生物学・細胞生物学の時代

1　コラーゲンの遺伝子と遺伝病

一九八〇年代に入って、コラーゲンの研究の流れは大きく変わった。そのもとになったのは分子生物学の手法で、その中心は一九七〇年代はじめに生まれたＤＮＡ組換え技術である。

表８に示すように、ＤＮＡの鎖を切ったりつないだりする——「はさみ」と「のり」の技術がまず見つかった。「はさみ」に相当するのは制限酵素とよばれる一群の酵素であり、「のり」に相当するのはＤＮＡリガーゼという酵素である。これにもう一つの道具立てのベクター（これはあるＤＮＡ断片を切り出して別の生物の細胞に移すための運び屋である）が加わって、遺伝子組換えが可能になった。

一九七二年にバーグは発がんウイルスの一つのＳＶ40というウイルスのＤＮＡを制限酵素で切断し、これをベクターとして用いるλファージというファージのＤＮＡに組込むことに成功した。そしてこれを大腸菌に導入しようと思ったが、もしも実験室から漏れ出して、この大腸菌が人間の体の中に入ると、がんをひき起こす可能性があることに気づいて、実験をやめてしまった。

一九七三年にコーエンとボイヤーらは、プラスミドをベクターに用いて組換えたＤＮＡを初めて大腸菌の中で増やす実験を行った。

表８　遺伝子研究の発展

年	研究者	研究内容
1944	アベリーら	DNAが遺伝子の本体
1953	ワトソン，クリック	二重らせん提唱
1967	リーマン	DNAリガーゼの発見
1969	アルバー，スミス	制限酵素の発見
1970	ボルチモア，テミンら	逆転写酵素の発見
1972	バーグ	遺伝子組換え実験
1973	コーエン，ボイヤー	遺伝子のクローニング
1977	マキサム，ギルバート，サンガー	DNA塩基配列決定法
1986	マリス，スミス	ポリメラーゼ連鎖反応（PCR）法

これによって、特定のＤＮＡ断片、つまり特定の遺伝子を人工的に大量生産する（ＤＮＡのクローニング）道が開けた。いわゆるバイオの時代の幕開けである。

特定の遺伝子を拾い出す技術も進んだ。高等動物の場合、特定のタンパク質のｍＲＮＡを分離し、逆転写酵素を用いて、それと相補的なＤＮＡ（ｃＤＮＡ）をつくることが有効であった。

さらにポリメラーゼ連鎖反応法（ＰＣＲ法）が開発され、ＤＮＡの構造が部分的にわかってさえいれば、特定のＤＮＡ鎖を増幅し、コピーを大量生産することができるようになった。

一方ＤＮＡの塩基配列順序を決定する方法が一九七〇年代終わりに開発され、後には自動化されて、ものすごい速さで塩基配列の決定を行うことができるようになった。

世界中で決定された配列はデータベース化されている。

生命現象の実際上の担い手はタンパク質である。従来は、ある生命現象を研究するときには、その担い手のタンパク質を分離し、解析するのが常套手段であった。しかし、一般的にタンパク質を純粋に取出すのは難しいし、わずかな量しか得られず解析が困難な場合が多い。たとえ、純粋な試料が大量に得られたとしても、アミノ酸配列を全部決定するのは大変な仕事である。

DNAの方は、ごくわずかな量のものをどんどん増やすことができるし、塩基配列の決定は、アミノ酸配列の決定よりずっとずっと速く行うことができる。もちろん、塩基配列が決まればアミノ酸配列を決めることができる。

DNA組換え技術を駆使して、タンパク質に関する情報の量は飛躍的に増大していった。

コラーゲンも、もちろんその例外ではない。まず、コラーゲンの分子種である。DNAクローニングによって、組織にわずかにしか存在しないものも拾い出せるようになった。現在二九種類が報告されている。

コラーゲンファミリーに共通する特徴は分子内に三重らせん構造をもつことと、細胞の外に分泌されて繊維やネットワークなどの構造体をつくることの二点である。ただし、実際にタンパク質として取出すことができていないものもあり、遺伝子からグリシン-X-Yの繰返し配列があるとわかれば、三重らせん構造をもつと判断している。

ファミリーのメンバーは表9のように分類することができる。I型～V型まではすでに説明した

表 9　コラーゲンファミリー

1. ¼ずれ繊維を形成する	Ⅰ，Ⅱ，Ⅲ，Ⅴ，XI
2. ネットワーク様構造を形成する	Ⅳ，Ⅷ，Ⅹ
3. ファシット（1の繊維の表面に結合している）	Ⅸ，XII，XIV，XVI，XIX
4. じゅず状フィラメントを形成する	Ⅵ
5. アンカリングフィブリルを形成する	Ⅶ
6. 膜貫通領域をもつ	XIII，XVII
7. 三重らせんが非らせん部分で分断されている	XV，XVIII

（2章3節）ので、ここでは新しいメンバーのいくつかを紹介しよう。

48ページに戻って、図11をちょっと見ていただきたい。基底膜とその下の結合組織（真皮）をつなぐアンカリングフィブリルという構造体があるが、これをつくっているのがⅦ型コラーゲンである。

一方、表皮基底細胞と基底膜の結合にあずかっているのがXVII型コラーゲンである。この分子は三重らせん構造の部分と非らせん構造の部分から成っていて、その間に膜貫通領域が挟み込まれている。三重らせん構造の部分は細胞の外に突き出して基底膜と結合し、非らせん部分は細胞の内側にあると考えられている。

このように表皮と真皮の結合に、Ⅶ型とXVII型コラーゲンが重要な役目を果たしている。

ファシット（FACIT）というのは、fibril-associated collagens with interrupted triple helices の略である。つまり、Ⅰ型コラーゲンなどが形成した繊維の表面に付着している。また、分子の三重らせん構造がいくつかの非らせん構造部分で分断されていて、フレキシブルな性質をもっているらしい。繊維の表面特性にかかわっている

表 10　コラーゲン遺伝子の変異と病気

コラーゲン分子種	異常の起こる場所	病　　気
Ⅰ 型	骨 皮膚，関節	骨形成不全症 エーラース・ダンロス症候群 （ⅦA型，ⅦB型）
Ⅱ 型	軟　骨	軟骨無発生症
Ⅲ 型	関節，皮膚，血管	エーラース・ダンロス症候群Ⅳ型
Ⅳ 型	腎　臓	アルポート症候群
Ⅶ 型	皮　膚	表皮水疱症
Ⅹ 型	成長軟骨	シュミット型骨幹端異形成症

と考えられている。

ⅩⅧ型とⅩⅤ型も三重らせんがひとつづきでなく、多数の非らせん部分で分断された構造をもっているのが特徴である。ⅩⅧ型コラーゲンのC末端側の球状部分から切り出された断片は血管の内皮細胞の増殖を阻害する活性をもち、エンドスタチンとよばれている。

さまざまな遺伝性の病気とコラーゲン遺伝子との関係についても研究が進んだ。コラーゲンの遺伝子の変異によってひき起こされる病気の例を表10に示してある。

Ⅰ型コラーゲンの遺伝子の異常によって、骨形成不全症が起こる。この病気については2章4節で説明した。変異にはいろいろなケースがあり、C-プロペプチドに変異がある例についてはすでに述べた。三重らせん構造部分に変異がある例もたくさん見つかっている。たとえば、グリシンが他のアミノ酸に置き換わると、完全な三重らせんを形成することができない。このようなコラーゲン分子は不安定ですぐに分解されてしまう。その結果、コラーゲンの量の低下をまねくことになる。

Ⅶ型コラーゲンは基底膜と真皮をつなぐアンカリングフィブリルを構成していることは前に述べた。このコラーゲンの遺伝子に異常が起こると表皮水疱症になる。外からちょっと力が加わっただけで表皮がはがれて潰瘍ができてしまう。

コラーゲンの本体だけでなく、生合成に関与する酵素の遺伝子の変異によっても病気が起こる。その一つの例（N-プロテイナーゼ遺伝子の変異）については、すでに述べた（2章4節）。

また、異常コラーゲン遺伝子を導入し発現させたトランスジェニックマウスや、コラーゲン遺伝子を欠損させたノックアウトマウスの作製も行われている。変異した$\alpha 1$(X)鎖を発現させたトランスジェニックマウスでは軟骨形成異常が現れ、それがヒトのシュミット型骨幹端異形成症でのX型コラーゲン遺伝子の変異の発見につながったという。

2　細胞外マトリックス

細胞は生命の最小単位であり、細胞の活動は生命現象の基礎である。細胞の研究ははじめは形態に重点がおかれていたが、一九五〇年代から、タンパク質や核酸などの生体成分の構造と代謝の知識と細胞の構造の知識を総合して、さまざまな生命現象を細胞レベルで解明しようという学問が発展した。いわば、生化学と細胞学の合いの子で細胞生物学とよばれている。

最近、これに組換えＤＮＡ技術を中心とする分子生物学の手法を加えて、細胞の諸活動を分子レベルで理解しようという流れが生まれた。これを分子細胞生物学という。何だか、銀行の合併のときのネーミングみたいである。

細胞は環境の変化に対応して、自身の活動を変化させる。細菌のような単細胞の生物でも、栄養物や熱、pHなどの外界の変化を感知し、それにうまく対応した行動をとる。

ヒトのような多細胞の生物の細胞も、外界の変化に同じように応答するが、それに加えて、細胞どうしで情報の交換を行っている。生物の体が正常に機能するためには細胞間の情報伝達が不可欠である。

細胞が外のさまざまなシグナルをキャッチし、それに応答するメカニズム（**シグナル伝達**）の解明は細胞生物学の中心テーマの一つである。

シグナル伝達の研究の発展の様子を表11に示してある。ホルモン、プロスタグランジン、細胞増殖因子、神経伝達物質などがシグナルになる。細胞表面の受容体が、シグナルを特異的にとらえ、自身は活性化される。そうすると、シグナル伝達経路が作動し、受容体が受け取った信号は変換・増幅され、最終的には細胞の応答をひき起こす。

表 11　シグナル伝達に関する研究の進展

年	研　究　者	発　　見
1955	フィッシャー，クレブス	タンパク質のリン酸化酵素（プロテインキナーゼ）
1956	サザーランド	セカンドメッセンジャー（サイクリックAMP）
1956	レビ-モンタルチーニ，コーエン	細胞増殖因子
1960	ベルイストレーム，サムエルソン	プロスタグランジン
1970	ギルマン，シャリ	ペプチドホルモン
1980	ギルマン，ロッドベル	細胞内信号変換（Gタンパク質）

細胞内二次伝達物質（セカンドメッセンジャー）、Gタンパク質、プロテインキナーゼによるタンパク質のリン酸化反応などがシグナル伝達経路の主役である。これらの発見者（表11）はすべてノーベル賞を受賞した。大変重要な研究領域であることがこれからもわかる。現在では、きわめて詳細なところまで研究が進められている。

さて、コラーゲンが細胞にとってシグナルの一つであることがわかってきた。

再び48ページの図11を見ていただきたい。表皮基底細胞は基底膜に接着している。真皮の中の繊維芽細胞はコラーゲン繊維に密着している。すなわち、体の中では、細胞は特殊なもの（たとえば血液中の細胞や表皮の分化した細胞）を除けば、足場にくっついて生きている。足場がないと生きていけない。足場依存性といわれる性質である。

足場の状態は細胞の活動に大きな影響を与える。たとえば、筋肉の基本単位の筋繊維は、筋芽細胞という細胞が寄り集まり、融合してできあがる。しかし、ニワトリの胚から筋芽細胞を取出して、プラスチックのシャーレの中で培養しても、なかなか融合を起こして筋繊維をつくってくれない。

そこで、シャーレの表面にネズミのコラーゲンを塗っておくと、筋芽細胞は容易に筋繊維になったという。つまり、足場としてのコラーゲンが、筋芽細胞の分化を促進したのである。

「コラーゲンを足場にしている」というシグナルが細胞内に伝達され、細胞が応答したわけである。

体の中で、コラーゲン（基底膜のⅣ型コラーゲンを含めて）は多くの細胞の足場になっているように見える。しかし、事情はそう簡単でない。細胞はコラーゲンと直接結合している場合もあるし、細胞とコラーゲンの間に別のタンパク質が介在している場合もあることが明らかになってきた。

コラーゲンは細胞の外に存在していることは何度も述べたが、細胞の外にはコラーゲンとともに他のいろいろな高分子物質があって、コラーゲンや細胞表面を含めて複雑に相互作用をしていることがわかってきた。

この細胞の外の高分子物質の集合体を**細胞外マトリックス**（extracellular matrix　略してＥＣＭ）という。

マトリックスを辞書で調べると、子宮、生み出す母体、宝石や金を包蔵している岩石、活字などの鋳型……と書いてある。何かを生み出す母体とか場所という意味らしい。（数学の行列もマトリックスだし、ミトコンドリアにもマトリックスがあるが）。

細胞外マトリックスとは細胞を包み込む場，細胞の生まれる場という意味であろう。

細胞外マトリックスの成分は，大きく分けると三種類ある。繊維などの構造体の主体のタンパク質と，グリコサミノグリカンとよばれる多糖，それに糖タンパク質である。

細胞外マトリックスの中の構造体としてはコラーゲン繊維，基底膜，弾性繊維の三種類がある。その主体は前の二つがコラーゲンであり，弾性繊維の主体は**エラスチン**というタンパク質である。エラスチンはゴムのように伸び縮みをする性質をもっていて，靱帯，大動脈，肺，真皮など，伸縮性の必要な器官に存在している。

グリコサミノグリカンには，コンドロイチン硫酸，ケラタン硫酸，デルマタン硫酸，ヘパラン硫酸，ヘパリン，ヒアルロン酸などの種類がある。

ヒアルロン酸は巨大な分子で，大量の水を保持することができる。

ヒアルロン酸以外のグリコサミノグリカンはタンパク質と共有結合で結合して存在している。それを**プロテオグリカン**という。プロテオグリカンにいろいろな種類があることが近年わかってきた（表12）。

プロテオグリカンの一つのアグレカンは軟骨にある。それ自身も巨大分子だが，さらにヒアルロン酸を軸に集合して，非常に巨大な複合体を形成する。軟骨は大きな圧力がかかる器官だが，その圧力を吸収するクッションの役目を果たしていると考えられている。

表 12　おもなプロテオグリカン

種　類	分　布	機　能
アグレカン	軟　骨	物理的支持，ヒアルロン酸と巨大集合体をつくる
ベーターグリカン	細胞表面	TGF-βと結合
デコリン	結合組織に広く分布	I型コラーゲン繊維やTGF-βと結合
パーレカン	基底膜	基底膜の構築と物質の沪過
セリグリシン	白血球	分泌物質の貯蔵
シンデカン	繊維芽細胞や上皮細胞の表面	細胞接着，FGFと結合

グリコサミノグリカンやプロテオグリカンのこのような物理的な機能は古くから知られていたのだが、最近これに加えて、生物的ないろいろな機能をもつことがわかってきた。たとえばシンデカンは細胞の表面にあってコラーゲンや細胞増殖因子の一つのFGF（繊維芽細胞増殖因子）と結合する性質をもっている。細胞がコラーゲンに接着するのにかかわっており（細胞のコラーゲンへの接着には別の分子──インテグリンもかかわっている。3章4節参照）、またFGFが細胞増殖活性を発揮するのにもかかわっていると考えられている。

デコリンは、別の細胞増殖因子TGF-βと結合する。TGF-β（トランスフォーミング増殖因子β）は細胞増殖因子という名が付いているものの、多くの細胞の増殖を抑制する因子と現在では考えられている。また細胞外マトリックスの産生を促進する作用をもっている。デコリンと結合したTGF-βは活性を失う。デコリンはTGF-βの貯蔵装置

表 13　細胞外マトリックスのおもな糖タンパク質

種　類	分　布	機　能
フィブロネクチン	血液，細胞外マトリックス，培養細胞表面	細胞接着，コラーゲンなどと結合
ラミニン	基底膜	細胞接着，Ⅳ型コラーゲンなどと結合
エンタクチン	基底膜	ラミニンとⅣ型コラーゲンの結合の安定化
テネイシン	胚，腫瘍組織，傷の治癒過程など	フィブロネクチン，プロテオグリカンなどと結合，細胞接着阻害
トロンボスポンジン	血小板，繊維芽細胞なども産生	細胞接着
オステオネクチン	骨，基底膜，繊維芽細胞なども産生	コラーゲン，トロンボスポンジン，細胞と結合，細胞接着離脱
ビトロネクチン	血液，結合組織	細胞接着
リンクタンパク質	軟　骨	アグレカンとヒアルロン酸との結合を安定化
フィブリリン	肺，皮膚など	弾性繊維の形成

になっていると考えられている。デコリンはコラーゲン繊維とも結合する。

すなわち、プロテオグリカンは細胞、コラーゲンをはじめとする他の細胞外マトリックス成分、細胞増殖因子などと相互作用をし、いろいろな生物学的機能を発揮しているのである。

同じようなことが、細胞外マトリックスの**糖タンパク質**についてもいえる。いや、細胞やコラーゲンとの相互作用からいえば、糖タンパク質が主役である。

表13に示したように、糖タンパク質の仲間もぞくぞくと見つかっ

てきた。なかでも代表的なのはフィブロネクチンとラミニンで、次節で詳しく述べる。

長い間、コラーゲンは単独で、生物物理化学や生化学の研究対象になっていた。コラーゲン研究会という学会が日本にあって活動してきたし、「コラーゲン」という名の学術雑誌も外国で発行されてきた。しかし、コラーゲンの細胞生物学的な研究を進めていくには、他の細胞外マトリックス成分の存在を無視することができないことが明らかになった。細胞とコラーゲンと他のマトリックス成分を総合して考えていかなければならない。

コラーゲン研究会はマトリックス研究会と一九九〇年代はじめに改名された。また学術誌の方も「マトリックス」と改名された。

時代の波である。

3　細胞接着分子

フィブロネクチンは一九七三年にハインズらと箱守仙一郎らにより、がん細胞と正常細胞の表面の比較から発見された。細胞ががん化すると細胞表面の性質が変化する。たとえば足場への接着性が低下する。そこで、がん細胞と正常細胞の細胞膜を比べたところ、がん細胞ではある糖タンパク質が消失しているのが見つかった。

よく調べてみると、この糖タンパク質は、一九四八年にモリソンらが血液中に見いだした「低温で不溶になる」タンパク質と同一であることがわかった。

一九七五年にルオスラティによりフィブロネクチンという名前が提案された。

フィブロネクチンは血液（血漿）などの体液中にもあるし、いろいろな組織の細胞外マトリックス——結合組織にも基底膜にも存在する。また、培養した細胞の表面には、フィブロネクチンが網目状の構造体をつくっていることがわかった。

フィブロネクチンは、細胞と結合する。フィブロネクチンを塗ったシャーレに細胞の分散液を入れると、細胞はぺたんとくっつき（接着）、はりついて広がる（伸展）。また、細胞の移動、増殖、分化などに影響を与える。

一方、フィブロネクチンは細胞外マトリックスの成分とも結合する。いろいろな型のコラーゲンと結合するし、コラーゲンの変性物のゼラチンとはとてもよく結合する。それゆえ、ゼラチンを固定化したカラムに血漿を流し込むことによって、フィブロネクチンを単離することができる。また、グリコサミノグリカンの一種のヘパリンやヒアルロン酸とも結合する。

フィブロネクチンは、分子量がおよそ二三万の二本の鎖からできている。それぞれの鎖の中に、コラーゲンと結合する部位、ヘパリンと結合する部位、細胞と結合する部位などが並んで存在して

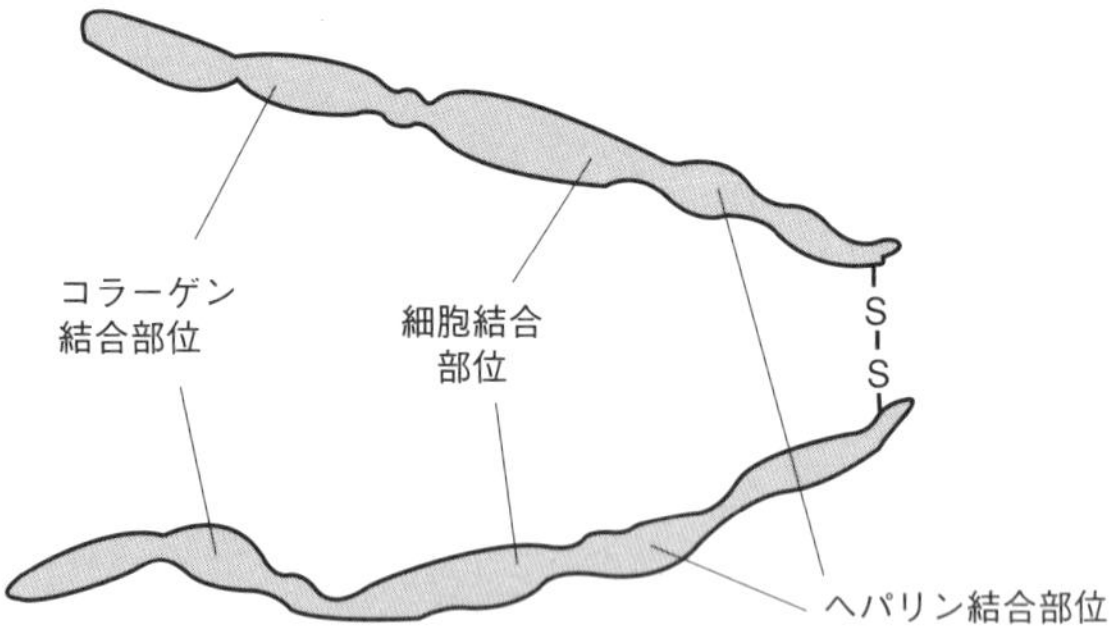

図 27　フィブロネクチン分子の模式図

いることがわかった（図27）。それゆえ、細胞はフィブロネクチンを介してコラーゲンと結合することができる。

フィブロネクチンの二本の鎖は、よく似てはいるが、少し違う。また、細胞表面のフィブロネクチンと血漿のフィブロネクチンはよく似ているが、構造が少し違う。

しかし、フィブロネクチンの遺伝子は一種類しかない。選択的スプライシングによって何種類ものメッセンジャーＲＮＡができるためと考えられている。

フィブロネクチンの細胞結合部位を解析していくと、アルギニン-グリシン-アスパラギン酸という配列（アミノ酸を一文字記号で表して**ＲＧＤ配列**という）が、細胞接着に重要なはたらきをしていることがわかった。ＲＧＤというたった三個のアミノ酸の配列のペプチドだけで、もとのフィブロネクチン分子よりは弱いが、細胞接着活性を示すし、全然関係のないタンパク質に、遺伝子操作でＲＧＤを挿入してやると、細胞接着活性がでてくるという。

しかしこのほかにも細胞接着にかかわる部位があることもわかってきた。

ラミニンは一九七七年にマーチンらによって発見された。ＥＨＳ肉腫というマウスの肉腫は基底膜を大量に合成するので、基底膜の研究のよい材料になる。この中に巨大な糖タンパク質分子が見つかって、基底膜（basal lamina）にちなんでラミニンと命名された。

ラミニンを電子顕微鏡で観察すると、十字架のような形をしている。三本の鎖が集まってこの構造をつくっている（図28）。

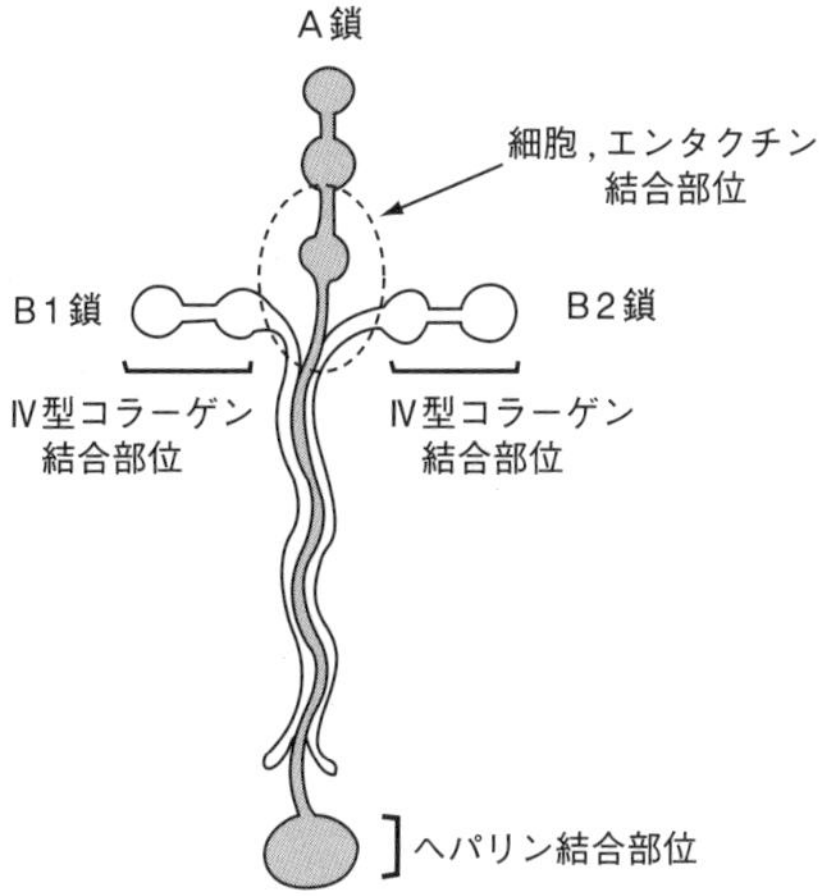

図 28　ラミニン分子の模式図

ラミニンは、Ⅳ型コラーゲン、パーレカン（プロテオグリカンの一種）、エンタクチン（糖タンパク質の一種）と結合して基底膜を形成する。また上皮細胞と結合する。

フィブロネクチンの場合と同じように、Ⅳ型コラーゲンと結合する場所や細胞と結合する場所などが、ラミニン分子の上に分散して存在している。

ラミニンにもＲＧＤ配列があるが、細胞接着の主役は別の配列らしい。

その後、構成する3本の鎖（今はα、β、γ鎖とよばれている）の構造が異なるラミニンの仲間がつぎつぎと見つかってきた。そこで、ＥＨＳ肉腫で見つかった（ＥＨＳ肉腫にだけあるのではない。腎臓、血管、胎児脳などにもある）ラミニンをラミニン-1とよび、その後見つかったラミニンの仲間を、ラミニン-2、ラミニン-3……とよぶことになった。現在では十数種類が知られている。フィブロネクチンとラミニンのほかにも、細胞接着にかかわる糖タンパク質がいろいろある（107ページ、表13）。

ビトロネクチンは強力な細胞接着活性をもち、血液中に多量に（一ミリリットルあたり約二五〇マイクログラムも）ある。細胞接着部位はＲＧＤ配列である。

一方、反接着分子と思われるものもある。オステオネクチンは、細胞をコラーゲンから離脱させる活性をもつという。テネイシンはフィブロネクチンと相互作用し、その細胞接着活性を阻害する。

4 インテグリン

細胞の表面には、フィブロネクチン、ラミニン、コラーゲンなどと結合する受容体（レセプター）がある。これが**インテグリン**とよばれるタンパク質で、今ではたくさんの種類のインテグリンが見つかっている。

インテグリンが最初に見つかったのは一九八五年のことである。ルオスラティらはフィブロネクチンを固定化したカラムに、細胞膜を溶解した液を流し込み、カラムに結合したタンパク質をRGDペプチド溶液で溶出させてフィブロネクチンの受容体を選び出した。そして細胞の内と外を統合する（integrate）という意味を込めて、インテグリンと命名した。

インテグリンはα鎖、β鎖という二本の鎖からできている（図29）。α鎖にも、β鎖にもたくさんの種類がある。それゆえ、その組合わせであるインテグリンには、たくさんの種類が存在している（116ページ、表14）。

α鎖もβ鎖も細胞膜を貫通して存在していて、細胞の外側で細胞外マトリックス成分と結合する。一方細胞の内部では、インテグリンは細胞骨格（細胞を内側から支える構造体）と結合している。つまり、細胞外マトリックスと細胞骨格は、細胞膜を挟んで、インテグリンによって連絡されている。

細胞外マトリックスとインテグリンが結合すると、その情報は細胞の内部に伝えられる。シグナル伝達機構が活性化され、いろいろなタンパク質のリン酸化や活性化、移動・集積がつぎつぎと起こる。

シグナルは最終的には細胞核の中に伝達され、特定の遺伝子が活性化されて、細胞の増殖や分化

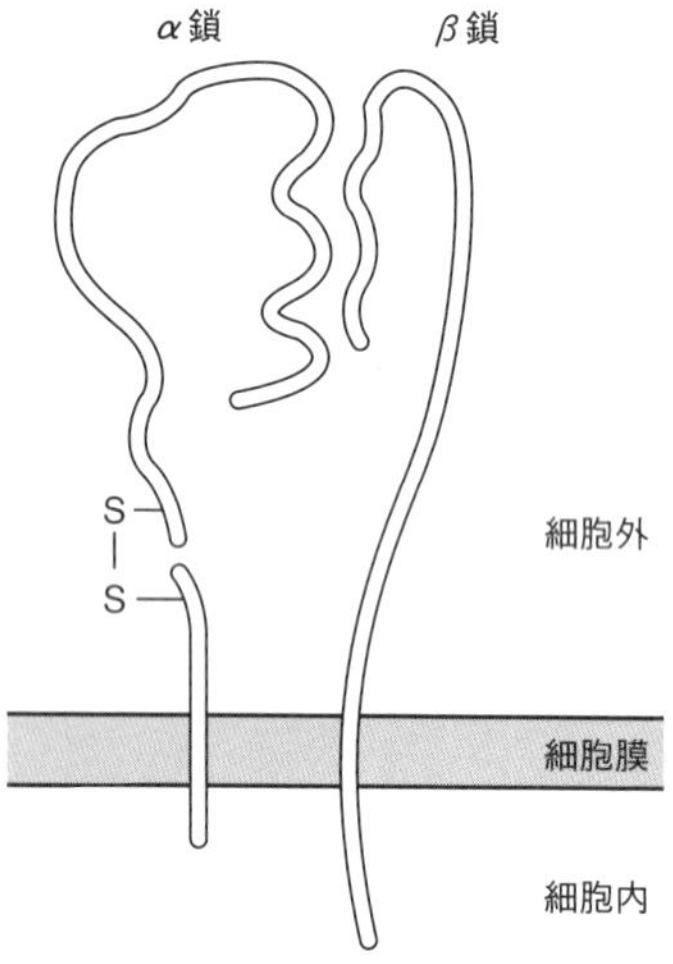

図 29　インテグリンの模式図

をひき起こす。また、細胞骨格に伝達されて、細胞の形態の変化を生み出す。

図30を見ていただきたい。細胞外マトリックスへの接着とシグナル伝達にかかわる因子の絡みをまとめたものである（畑隆一郎博士による）。

この図を逐一説明する余裕もないし、私にその能力もない。あえて、翻訳せず英文のまま掲載してあるのだが、「ものすごくたくさんの因子があって、絡み合っているんだな」、「ものすごく複雑だな」、「すごく細かいことまでわかってきたんだな」……などと感じてもらえればそれでよいと思う。

複雑といえば、多種類あるインテグリンと細胞外マトリックスの各成分との対応もまた複雑である。

表14を見ていただきたい。$\alpha_1\beta_1$というインテグリンはコラーゲンとラミニンの両方に結合する。$\alpha_3\beta_1$というインテグリンは、コラーゲン、ラミニン、フィブロネクチンのどれとも結合する。といっ

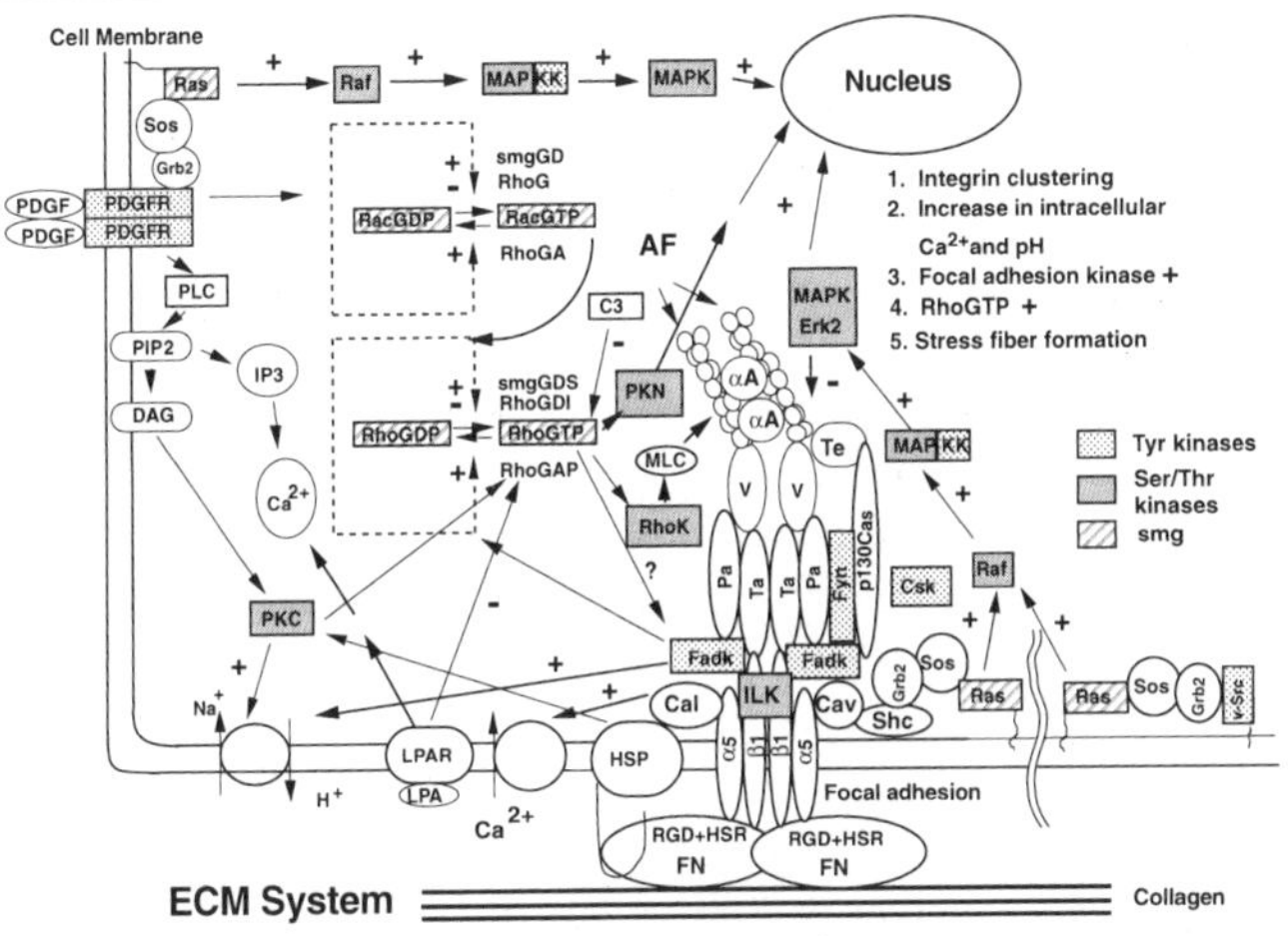

Fig. 5 Intracellular transduction of adhesion signals to the extracellular matrix.
AF, actin filaments; αA, α actinin; α5β1, fibronectin receptor; Calr, Calreticulin; Cav, Caveolin; Ca^{2+} ↑, Calcium pump; c-Src, cellular src tyrosine kinase; C3, C3 transferase; Csk, C-terminal Src kinase; DAG, diacylglycerol; Erk 2, Extracellular signal-regulated kinase 2; Fadk, focal adhesion kinase; FN, fibronectin; Fyn, Fyn tyrosine kinase; Grb2, growth factor receptor bound protein 2; HSPG, heparan sulfate proteoglycan; ILK, Integrin-linked kinase; IP3, inositol 1,4,5-triphosphate; LPA, lysophosphatidic acid; LPAR, LPA receptor; Na^+ ↑ H^+ ↑, Na^+/H^+ antiporter; MAPK, MAPKK, MAPKKK, MAP kinase cascade; MLC, myosin light chain; Pa, paxillin; PDGF, platelet-derived growth factor; PDGFR, PDGF receptor; PLC, phospholipase C; PIP2, phosphatidylinositol 4,5-biphosphate; p130Cas, p130 crk associated substrate; PKC, protein kinase C; PKN, protein kinase N; Rac, Ras and Rho, small molecular GTP-binding proteins; RhoGDI, RhoGDP dissociation inhibitor; RhoGAP, Rho GTPase activating protein, RhoK, Rho-kinase; smgGDS, small molecular G protein GDP dissociation stimulator; Shc, Sarc homology and collagen; Sos, son of sevenless; Ta, talin; Te, tensin; TyrK, tyrosine kinase; V, vinculin; v-Src, viral src tyrosine kinase; . Molecules in rectangles are enzymes and + and - indicate activation and suppression of activities, respectively.

図 30　細胞外マトリックスへの接着とシグナル伝達．R. Hata, *Connective Tissue*, **30**, 285（1998）より．

た具合に、インテグリンの各メンバーは複数の細胞外マトリックス成分と結合する。

一方、細胞外マトリックスの各成分から見ると、コラーゲンは$\alpha_1\beta_1$、$\alpha_2\beta_1$、$\alpha_3\beta_1$、$\alpha_V\beta_3$の四種類のインテグリンと結合する。ラミニンは$\alpha_1\beta_1$、$\alpha_2\beta_1$、$\alpha_3\beta_1$、$\alpha_6\beta_1$、$\alpha_7\beta_1$、$\alpha_6\beta_4$の六種類のインテグリンと結合する。フィブロネクチンに至っては、$\alpha_3\beta_1$、$\alpha_4\beta_1$、$\alpha_5\beta_1$、$\alpha_V\beta_1$、$\alpha_V\beta_3$、$\alpha_{IIb}\beta_3$、$\alpha_V\beta_6$、$\alpha_4\beta_7$の八種類のインテグリンと結合するこ

表 14　インテグリン

サブユニット構成	結合相手または機能	サブユニット構成	結合相手または機能
$\alpha_1\beta_1$	コラーゲン, ラミニン	$\alpha_L\beta_2$	白血球の接着
$\alpha_2\beta_1$	コラーゲン, ラミニン	$\alpha_M\beta_2$	白血球の接着
$\alpha_3\beta_1$	コラーゲン, ラミニン, フィブロネクチン	$\alpha_X\beta_2$	白血球の接着
$\alpha_4\beta_1$	フィブロネクチン	$\alpha_V\beta_3$	ビトロネクチン, フィブロネクチン, コラーゲンなど
$\alpha_5\beta_1$	フィブロネクチン		
$\alpha_6\beta_1$	ラミニン	$\alpha_{IIb}\beta_3$	フィブロネクチンなど
$\alpha_7\beta_1$	ラミニン	$\alpha_6\beta_4$	ラミニン
$\alpha_8\beta_1$	?	$\alpha_V\beta_5$	ビトロネクチン
$\alpha_9\beta_1$	?	$\alpha_V\beta_6$	フィブロネクチン
$\alpha_V\beta_1$	ビトロネクチン, フィブロネクチン	$\alpha_4\beta_7$	フィブロネクチン
		$\alpha_V\beta_8$	?

とができるのである。

一体、どうしてこんなに結合相手が重複しているのだろうか？

おまけに、インテグリン以外の細胞外マトリックス受容体もあるらしい。たとえば、プロテオグリカンの一つのシンデカンは、コラーゲンの受容体の機能をもつといわれているし、受容体チロシンキナーゼの仲間が、コラーゲンの受容体の機能をもつという報告もある。

繰返しになるが、細胞外マトリックス成分間の結合も考える必要がある。たとえば細胞が見かけ上コラーゲンと結合しているとしても、直接結合しているのかもしれないし、細胞はフィブロネクチンに結合し、フィブロネクチンがコラーゲンに結合しているのかもしれない。すべて複雑でややこしい。

5　ＭＭＰファミリー

２章５節でコラーゲンを分解する酵素、コラゲナーゼの発見の話をした。そして、コラゲナーゼに続いて、それによく似た仲間の酵素が見つかり、ＭＭＰ（matrix metalloprotease）ファミリーとよばれているところまで述べた。ついでながら、このマトリックスとは、細胞外マトリックスのことである。

ＭＭＰの仲間はその後つぎつぎと見つかった。表15に示すようにまずＭＭＰ‐１〜ＭＭＰ‐13がある。ただし、ＭＭＰ‐４と５と６は欠番になっている。はじめは新しい酵素と思われて番号が与えられたが、よく調べてみると既知のものと同じだったためである。

表15の最後にＭＴ１‐ＭＭＰというのがあるが、これは膜貫通部位をもっていて、細胞膜上に局在すると考えられるＭＭＰである（ＭＴは membrane-type の略である）。清木元治らによって一九九四年に初めて報告された。ＭＭＰのナンバリングでは一四番目にあたるのだが、それからＭＭＰ‐15、16、17が見つかって、しかも膜型だったことから、ＭＴ１‐ＭＭＰ、ＭＴ２‐ＭＭＰ、ＭＴ３‐ＭＭＰ、ＭＴ４‐ＭＭＰとよばれることになった。

その後も発見はつづいていて、ＭＭＰのファミリーのメンバーは合計すると二〇種類以上ある。

表 15　MMPファミリー

種　類	名　　称	基　　質
MMP-1	コラゲナーゼ	Ⅰ，Ⅱ，Ⅲ，Ⅹ型コラーゲン
MMP-2	ゼラチナーゼA	ゼラチン,Ⅳ,Ⅴ,Ⅶ,Ⅺ型コラーゲン,ラミニン,フィブロネクチン,エラスチン
MMP-3	ストロメライシン-1	ゼラチン，Ⅲ，Ⅳ，Ⅶ，Ⅸ型コラーゲン，ラミニン，フィブロネクチン，プロテオグリカン
MMP-7	マトリライシン	ゼラチン，Ⅳ型コラーゲン，フィブロネクチン，エラスチン，プロテオグリカン
MMP-8	好中球コラゲナーゼ	Ⅰ，Ⅱ，Ⅲ型コラーゲン
MMP-9	ゼラチナーゼB	ゼラチン,Ⅲ,Ⅳ,Ⅴ型コラーゲン,エラスチン
MMP-10	ストロメライシン-2	ゼラチン,Ⅲ,Ⅳ,Ⅴ型コラーゲン,フィブロネクチン
MMP-11	ストロメライシン-3	ゼラチン，フィブロネクチン，ラミニン，プロテオグリカン
MMP-12	メタロエラスターゼ	エラスチン
MMP-13	コラゲナーゼ-3	Ⅰ型コラーゲン
MT1-MMP	膜型MMP	

このほかにMT2-MMP，MT3-MMP，MT4-MMP，MMP-18，MMP-19，MMP-20が見つかっている．

これらの酵素の共同作業によって、多様な細胞外マトリックス成分のほとんどすべてが分解可能になると考えられる。

がんが恐ろしいのは転移するからだという。がんの転移の際には、がん細胞は周りの組織を食い破り、さらに血管の壁を破って中に入り込み、移動する。この際、基底膜が障壁になるのだが、これを分解して通り抜けてしまう。

つまり、がん細胞の転移性と基底膜の分解とは密接なかかわりがある。

基底膜の主成分を分解するおもな酵素は、ＭＭＰ-２とＭＭＰ-９であると考えられている。がん細胞はＭＭＰ-９を産生する。ただし、他のＭＭＰの仲間と同じように、まず産生されるのは不活性なプロ酵素である。不活性型を活性型に変えるのは、プラスミンというタンパク質分解酵素で、これもそもそもは活性のないプラスミノーゲンという形で存在している。プラスミノーゲンをプラスミンに変えるのはプラスミノーゲンアクチベーターという酵素である。がん細胞はプラスミノーゲンアクチベーターを活発に生産している。細胞の表面にはプラスミノーゲンアクチベーターと結合する受容体があること、この受容体は細胞接着分子の一つのビトロネクチンと結合することなど、いろいろなことがわかってきている。

一方、ＭＭＰ-２は正常細胞が産生するので、がん転移の面からは一時はあまり注目されなくなったが、ＭＴ１-ＭＭＰの発見で息を吹き返した。

膜型ＭＭＰであるＭＴ１-ＭＭＰはがん細胞の細胞膜にあって、ＭＭＰ-２の不活性なプロ酵素を活性型に変えるはたらきのあることがわかった。また、活性化役と同時に、正常細胞由来であるＭＭＰ-２をがん細胞表面につなぎとめておく役もしていることがわかった。

組織の中には、ＭＭＰの活性を特異的に阻害する物質ＴＩＭＰ（tissue inhibitor of metalloprotease）が存在していることは２章５節で述べた。こちらの方もＴＩＭＰ-１～ＴＩＭＰ-４と四種類に仲間が増えた。

6　小胞体内部のイベント

コラーゲンは細胞でつくられ、細胞の外へ分泌される。つまり、分泌タンパク質の一つである。一般に分泌タンパク質の合成は、粗面小胞体で行われる。小胞体は細胞内に管状あるいは袋状に広がった膜で、この表面にタンパク質合成工場であるリボソームが付着したのが粗面小胞体である。粗面小胞体のリボソームの上で合成が始まったペプチド鎖は、伸長しながら小胞体膜を通り抜け、小胞体の内部に入る。このとき、ペプチドのN末端の二〇個ぐらいの特殊な配列（シグナルペプチド）が、膜通過に重要な役割を担っている。シグナルペプチドは膜を通過した後に切り離される。合成されたペプチド鎖は三次元的に正しく折り畳まれて、そのタンパク質特有の立体構造をつくる。この際には分子シャペロンというタンパク質がはたらく。シャペロンとは、そもそもは若い女性が社交界にデビューするときに、付添ってマナーなどを教えて貴婦人に育てる役の年配のご婦人をさす言葉だそうである。

分泌タンパク質の立体構造の安定化には、システイン間で形成されるジスルフィド結合が重要な役割を果たしている。ジスルフィド結合が正しく形成されるために、プロテインジスルフィドイソメラーゼが存在している。

また、いわゆる**翻訳後修飾**といって、できあがったペプチドの中の特定のアミノ酸のリン酸化、アセチル化、メチル化などの反応が起こる。

もちろん、コラーゲンも例外ではない。コラーゲンのα鎖は、まずプロα鎖というもっと長い鎖として合成されることを2章4節で述べたが、実際はそれにさらにシグナルペプチドが付け加わった「プレプロα鎖」の形で合成が開始される。

コラーゲンのペプチド鎖の翻訳後修飾としてはプロリンのヒドロキシ化反応（4位と3位に起こる。19ページ参照）とリシンのヒドロキシ化反応や糖の付加反応がある。

プロリンの4位がヒドロキシ化されてヒドロキシプロリン（正確には4-ヒドロキシプロリン）が生成する反応については、2章1節で研究の初期のいきさつを詳しく述べた。この反応を触媒するプロリル4-ヒドロキシラーゼは小胞体内部にあって、ペプチド鎖が伸長していく途中で、プロリン-グリシンという配列のプロリンをヒドロキシ化することがわかった。

この酵素はサブユニットから構成されている。αサブユニット二個とβサブユニット二個の計四個のサブユニットから成っていて、プロリンをヒドロキシ化する機能はαサブユニットがもっている。

βサブユニットは、プロテインジスルフィドイソメラーゼ（前述したようにジスルフィド結合を正しく形成する助けをする酵素）と同一であることがわかった。αサブユニットだけでは不溶性の集合体をつくってしまう。βサブユニットと結合することで溶けた形で酵素として機能できるようになるらしい。

一方、リシンをヒドロキシ化してヒドロキシリシンに変換する酵素（リシルヒドロキシラーゼ）は、触媒作用をもつαサブユニット二個のみからできている。βサブユニットはない。この酵素は小胞体の膜に弱い結合で結合しているという。

翻訳後修飾反応を受け完成されたプロα鎖は、集合してプロコラーゲン分子をつくる。I型の場合、プロα1鎖二本とプロα2鎖一本が集合する。まずC-プロペプチドのところで会合し、ついでコラーゲン本体の三重らせん構造が形成される。三重らせんはC末端側からN末端へ向かって巻いていくのだという。

タンパク質の立体構造を正しくつくるための介添え役の分子シャペロンの話をしたが、コラーゲンの場合も分子シャペロンが活躍するらしい。

コラーゲンに特異的な分子シャペロンとしてはHSP47が知られている（永田和宏ら、一九九二年）。HSPは熱ショックタンパク質（heat shock protein）の略で、熱ショックで誘導を受けて発現する。

ＨＳＰ47は合成途中のプロコラーゲン鎖と結合する。そのはたらきとしては、三重らせん形成の促進や翻訳後修飾反応の促進、プロコラーゲンの凝集を防ぐことなどが考えられている。

他の分子シャペロンもかかわっているらしい。先に述べたプロテインジスルフィドイソメラーゼも分子シャペロンの機能をもっていて、一本鎖のプロα鎖に結合し、三重らせん構造ができると離れていくと報告されている。

骨形成不全症という先天性の病気について前に述べたが（54ページ）、ある患者の場合、プロα2鎖に欠失があり、正常な三重らせん構造をつくることができない。そうするとプロテインジスルフィドイソメラーゼといつまでも結合したままで、小胞体から分泌されないという。

小胞体でつくられたプロコラーゲンはゴルジ体に運ばれる。これは小胞体の一部が引きちぎられてできた小胞の中に閉じ込められた形で運ばれる。小胞がゴルジ体の膜と融合することによって、ゴルジ体の内部に入る。そして、最後はやはり小胞に閉じ込められた形で細胞膜に運ばれ、小胞が細胞膜と融合することにより、細胞の外に放出される（エキソサイトーシス）。

細胞の外でプロペプチドの切断、繊維の形成、架橋形成が起こる。これらについては前章ですでに述べた。

コラーゲンの生合成をまとめると図31のようになる。

7　コラーゲンスーパーファミリー

一九八六年に私は東京農工大学農学部に転任になった。分子生物学と細胞生物学の波がコラーゲンの分野にも押し寄せてきたころである。

研究の上のプレッシャーもあるし、教育上のプレッシャーも感じた。私は高橋伸一郎さん（現東京大学大学院農学生命科学研究科）と舘川宏之さん（現東京大学大学院農学生命科学研究科）に参加していただき、研究室に細胞生物学と分子生物学を導入することにした。

3章2節で、細胞外マトリックスの成分の話をした。コラーゲンをはじめ、いろいろな成分は互いに作用し合っている。そのなかでエラスチンだけは孤独にみえる。

エラスチンは弾性繊維の主体のタンパク質であるが、細胞ともコラーゲンともプロテオグリカンとも糖タンパク質とも、相互作用をすることをはっきり示す報告がないのである。

そこで、私たちはエラスチンに結合するタンパク質を探してみようと思った。

細胞接着分子のフィブロネクチンは、血漿の中にたくさんあって、ゼラチンカラムを使って単離することができる。これをまねて、血漿を材料に選んだ。エラスチンは水に溶けないので、部分的に分解して α-エラスチンといわれる可溶性エラスチンをつくり、これをビーズに固定した。こうし

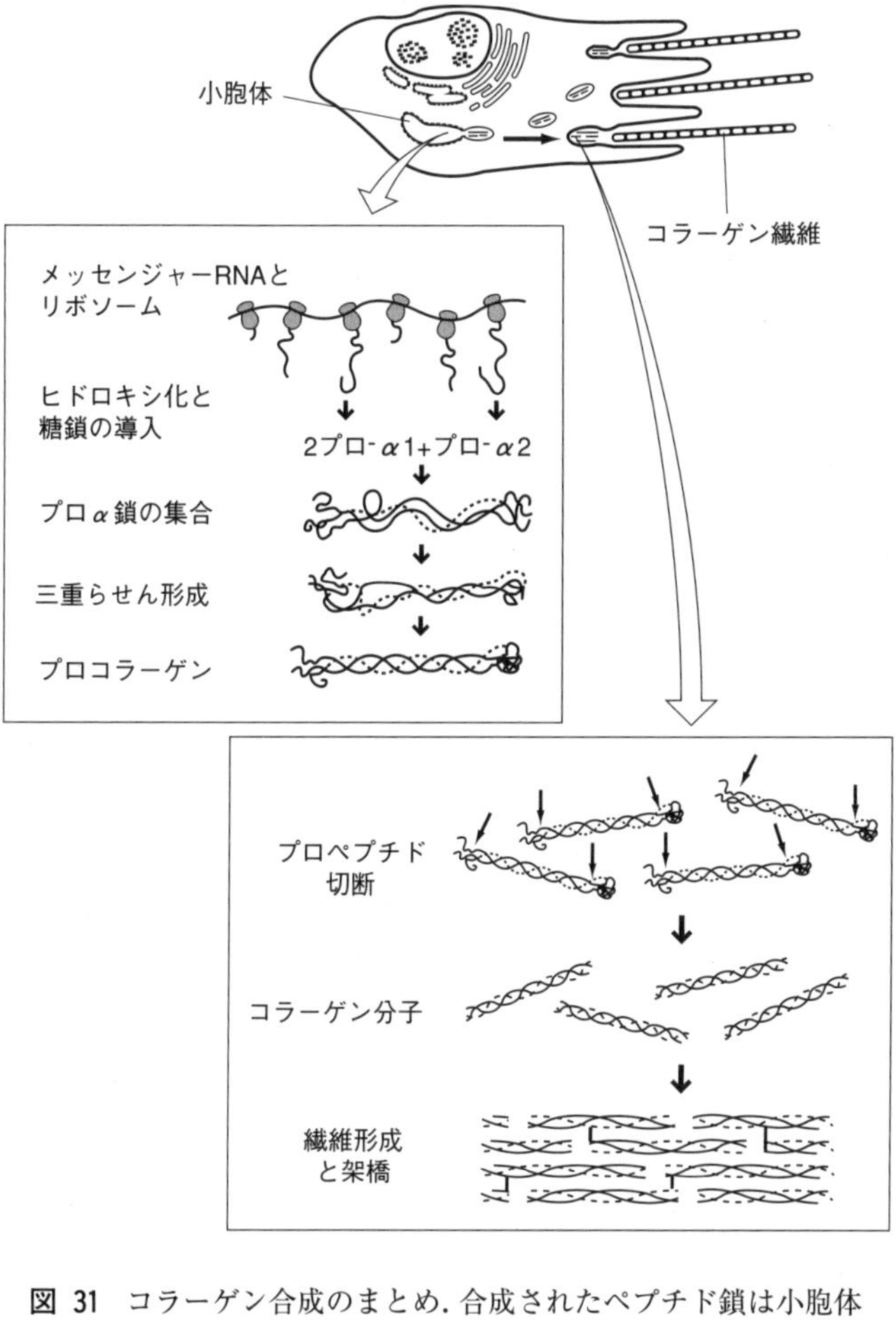

図 31　コラーゲン合成のまとめ．合成されたペプチド鎖は小胞体内部で修飾反応を受けた後，集合してプロコラーゲンを形成する．プロコラーゲンはゴルジを経由して細胞外に分泌される．細胞の外でプロペプチドの切断，繊維の形成，架橋形成が起こる．

てつくったエラスチンカラムにヒトの血漿を流し込み、エラスチンと結合すると思われるタンパク質を取出した。

この中に、細胞接着活性を示す物質があり、私は新しい細胞接着分子を見つけたのかと早合点して発表してしまった。よく調べてみるとこれは混入していたフィブロネクチンであった。条件次第でフィブロネクチンはエラスチンと結合することがわかったのは収穫だが、とにかくとんだ恥をかいてしまった。

しかし、しつこくエラスチンカラムに結合する血漿タンパク質の解析を続けているうちに、分子量が三万七千ぐらいの新しいタンパク質と思われるものが見つかった。

アミノ酸の配列を部分的に調べてみると驚いた。グリシン-X-Yの繰返し構造――つまり三重らせんを形成する配列があるのである。全然コラーゲンとは関係ないはずなのに……。それに加えて、三重らせん的でない配列もあった（春宮 覚ら、一九九五年）。

データベースを検索してみると、**フィコリン**と命名されているタンパク質と非常によく似ていることがわかった。フィコリンはブタの子宮の膜成分で、TGF-β（106ページ参照）結合タンパク質として発見されたものである。コラーゲンに似た部分とフィブリノーゲン（血液凝固タンパク質）に似た部分をもつのでフィコリンと命名された（一條秀憲・宮園浩平、一九九一年）。

私たちがブタのフィコリンに似たタンパク質をヒトの血漿中に見つけたのとほぼ同じころ、これと同一のものと思われるタンパク質がまったく異なる観点からつぎつぎと報告された。あるグループは糖鎖結合タンパク質（レクチン）として、また別のグループはコルチコステロイド（ホルモンの一種）結合タンパク質としてヒト血漿中に見いだした。さらに別のグループは、ヘパリンを注射したときに血液中に放出されてくるタンパク質の一つとして報告した。

関連する遺伝子のクローニングが行われ、フィコリンファミリーとしては、ヒトで三種類(L、H、M)、マウスで二種類（AとB）が見つかった。

図32には、私たちの研究室でクローニングしたマウスのフィコリンAの遺伝子の構造と、それから推定したアミノ酸配列を示してある。グリシン−X−Yの繰返し配列が分子の一部にあって、三重らせん構造をつくっていると推定される。残りの部分は球状の構造をつくっていると思われる。

その後の研究によると、フィコリンは体に侵入した細菌の表面の糖鎖に結合し殺してしまう役を担っていると思われる。なぜエラスチンと結合するのか、その生理的意味は不明である。

三重らせん構造を分子の中にもつがコラーゲンの仲間とされないタンパク質は、実はフィコリンのほかにもいくつか見つかっている。

たとえば血液の中にはC1qというタンパク質があって、グリシン−X−Yの繰返しの構造をもっている。さらにヒドロキシプロリンやヒドロキシリシンもある。C1qは補体系の成分の一つで、抗体と協力して体に侵入した細菌などを殺す生体防御システムの一員である。やはりオプソニン活性がある。

```
AGTCAAGGAGTGGCTGCTGTACCCAGAGCAATGCAGTGGCCTACGCTGTGGGCCTTTTCA    60
                              M  Q  W  P  T  L  W  A  F  S      10

GGACTGCTCTGTCTCTGTCCCTCCCAGGCCCTGGGTCAGGAGAGAGGTGCCTGTCCAGAT   120
G  L  L  C  L  C  P  S  Q  A  L  G  Q  E  R  G  A  C  P  D      30

GTTAAGGTCGTAGGTCTGGGGGCCCAGGACAAGGTGGTTGTCATCCAAAGTTGCCCTGGC   180
V  K  V  V  G  L  G  A  Q  D  K  V  V  V  I  Q  S  C  P  G      50

TTTCCTGGCCCACCTGGGCCCAAAGGGGAGCCTGGAAGCCCTGCTGGAAGAGGAGAACGG   240
F  P  G  P  P  G  P  K  G  E  P  G  S  P  A  G  R  G  E  R      70

GGCTTTCAGGGCAGCCCAGGAAAGATGGGACCTGCCGGCAGCAAAGGAGAGCCAGGAACC   300
G  F  Q  G  S  P  G  K  M  G  P  A  G  S  K  G  E  P  G  T      90

ATGGGGCCCCCGGGAGTTAAAGGGGAGAAAGGCGATACAGGAGCTGCGCCATCTCTGGGT   360
M  G  P  P  G  V  K  G  E  K  G  D  T  G  A  A  P  S  L  G     110

GAAAAGGAGCTGGGAGACACCCTGTGCCAGAGAGGACCCCGGAGCTGCAAAGACTTGCTG   420
E  K  E  L  G  D  T  L  C  Q  R  G  P  R  S  C  K  D  L  L     130

ACACGGGGCATCTTCCTGACTGGCTGGTACACCATCCATCTTCCTGACTGCCGGCCACTG   480
T  R  G  I  F  L  T  G  W  Y  T  I  H  L  P  D  C  R  P  L     150

ACTGTGCTCTGTGACATGGATGTGGACGGTGGGGGCTGGACCGTTTTTCAACGACGAGTG   540
T  V  L  C  D  M  D  V  D  G  G  G  W  T  V  F  Q  R  R  V     170

GACGGGTCTATCGATTTCTTCCGAGACTGGGACTCCTATAAAAGAGGCTTTGGCAACCTG   600
D  G  S  I  D  F  F  R  D  W  D  S  Y  K  R  G  F  G  N  L     190

GGCACGGAGTTCTGGTTGGGTAATGACTACCTGCACCTGCTCACAGCCAATGGGAACCAA   660
G  T  E  F  W  L  G  N  D  Y  L  H  L  L  T  A  N  G  N  Q     210

GAGCTCCGAGTTGACTTACAAGATTTCCAAGGGAAAGGCTCCTATGCCAAGTACAGCTCA   720
E  L  R  V  D  L  Q  D  F  Q  G  K  G  S  Y  A  K  Y  S  S     230

TTCCAGGTATCTGAAGAACAGGAGAAATACAAGCTGACCTTGGGGCAGTTTCTGGAGGGC   780
F  Q  V  S  E  E  Q  E  K  Y  K  L  T  L  G  Q  F  L  E  G     250

ACTGCAGGAGACTCCCTGACAAAGCACAACAACATGTCATTTACAACCCATGACCAAGAT   840
T  A  G  D  S  L  T  K  H  N [N] M  S  F  T  T  H  D  Q  D     270

AATGATGCAAATAGCATGAACTGTGCAGCTTTGTTCCATGGAGCCTGGTGGTACCACAAC   900
N  D  A  N  S  M  N  C  A  A  L  F  H  G  A  W  W  Y  H  N     290

TGCCACCAGTCCAACCTCAACGGGCGCTACTTGTCTGGCTCCCATGAGAGTTATGCGGAT   960
C  H  Q  S  N  L  N  G  R  Y  L  S  G  S  H  E  S  Y  A  D     310

GGCATCAACTGGGGAACTGGCCAAGGTCACCACTACTCCTACAAGGTTGCCGAGATGAAA  1020
G  I  N  W  G  T  G  Q  G  H  H  Y  S  Y  K  V  A  E  M  K     330

ATCCGAGCATCTTAAGGTGCCCCAGTCTCCACCCAGCCTTTCAGCCATGTCCAGGCCATG  1080
I  R  A  S  *                                                  334

TGGGGACACTGAAGGGAGGGATCTCTAGAAGTTGAAGTCTGTGTGCTTATCTATTGTGGG  1140

CTCTCTACACTCCCCTCTGGACACTGTCCAGCCCTGACTACTATGCACTAATAAAGGTCA  1200

GAGAAGCA                                                      1208
```

図 32　マウスフィコリンAの遺伝子の塩基配列とそれから推定されるアミノ酸配列．太い下線部はシグナル配列，細い下線部は三重らせん構造の配列，点線の下線部はフィブリノーゲン様部分．アミノ酸一文字表記については35ページ参照．藤森芳和ら，1998.

三重らせん構造とレクチン（糖鎖結合タンパク質）の共通的構造（ＣＲＤドメイン）をもつタンパク質がいくつか知られていて、コレクチンとよばれている。ちなみにフィコリンも糖鎖と結合するが、ＣＲＤドメインはもっていない。血液中に存在するマンナン結合タンパク質、肺のサーファクタントタンパク質ＡとＤ、やはり血液にあるＣＬ-43などがコレクチンファミリーに属する。体に侵入した微生物と結合し、オプソニン活性をもつらしい。

C1qやコレクチンは白血球やマクロファージなどの貪食細胞と結合する。つまり、貪食細胞の表面には、これらのタンパク質と結合する受容体がある。この受容体は、これらのタンパク質の三重らせん構造の部位と結合するらしい。

貪食細胞の一つのマクロファージの細胞表面には、スカベンジャー受容体がある。いろいろな異物や老廃物と結合し、それらの貪食を助ける。スカベンジャー受容体も三重らせん構造を分子の中ほどにもっている。また膜貫通領域がある。三重らせん構造を含む部分は細胞の外にあって、異物・老廃物と結合する。細胞の中にある部分は三重らせん構造をもっていない。この点はXVII型コラーゲン（99ページ）ととてもよく似ている。

三重らせん構造をもつがコラーゲンとはよばれないC1q、コレクチン、マクロファージ受容体タンパク質、それにフィコリンなどと、コラーゲンのファミリーを合わせて、**コラーゲンスーパーファミリー**とよぶことが提案されている（表16）。

表 16　コラーゲンスーパーファミリー

種　類	おもな分布
コラーゲン	細胞外マトリックス
C1q	血　漿
コレクチン	血漿，肺サーファクタント
フィコリン	血　漿
マクロファージ受容体	マクロファージ表面

一九六〇年代まではコラーゲンの定義は簡単で、三重らせん構造をもつか、六七ナノメートルの周期構造をもつ繊維をつくっていればコラーゲンとよぶことができた。

コラーゲンの分子種が多数あることがわかってくると、コラーゲンの定義というか、共通の性質は、「分子内に三重らせん構造をもつこと（部分的でよい）」と「細胞の外にあって繊維や網目状構造などの会合体をつくっていること」の二点に変わった。しかしⅩⅢ型やⅩⅦ型コラーゲンのように、一部は細胞内部にあるものも見つかってしまった。

そして、今やコラーゲンスーパーファミリーとして、その仲間はさらに大きく広がってきた。コラーゲン以外のメンバーは、繊維や網目状構造などの形成にかかわっていないとされている。しかし、フィコリンは試験管内の実験ではエラスチンと結合することがわかっていて、生体内でも弾性繊維の構築にかかわっているかもしれない。

コラーゲンスーパーファミリーの共通的性質はまず「三重らせん構造」をもつことである。

それに付け加えるならば、いろいろな生体分子と結合することであろう。コラーゲンスーパーファミリーのメンバーの多くは、細胞表面の受容体と結合する。コラーゲンファミリーのメンバーは自己会合をし、繊維や網目状構造体をつくる。コラーゲン以外のものも、その多くは数個〜十数個の分子から成る集合体（オリゴマー）をつくることが知られている。コラーゲンは種々の細胞外マトリックス成分と結合する。コラーゲン以外のものも、糖鎖などいろいろな物質と結合する。先に述べたフィコリン発見の経緯も、多彩な結合力を示している。この「結合力」を三重らせん部分と球状部分がどのように役割分担しているのか、興味深い。

コラーゲンスーパーファミリーの分子進化も興味深い問題である。私は、「短い三重らせん構造と大きな球状構造」をもった祖先のタンパク質がまず出現し、それから進化していったのではないかと想像している。三重らせん構造の部分が増幅され、分子のほとんどが三重らせん構造になったⅠ〜Ⅲ型コラーゲンは進化の極致ではないだろうか。

第4章

高齢社会時代のトピックス
――コラーゲンの老化と経口摂取効果

1　高齢社会の到来

今までにお読みいただいた第1～3章は、旧版を出版した時、つまり一九九九年ころに書いたものとほとんど同じままである。あれから十年以上が経った。その間にコラーゲンの研究はもちろんどんどん進展した。たとえばコラーゲンの型（分子種）だが、旧版の時点では一九種類だったのが今では二九種類にまで増えた。情報量はますます膨れ上がった。私は研究の進展を掌握できているとはとてもいえないのだが、第3章、つまり分子生物学・細胞生物学的流れの延長線上に進展していると思う。

一方、日本の社会は予想以上の厳しさで高齢化が進んできた。六五歳以上の高齢者の総人口に占める割合は……といった統計を見るまでもなく、街を歩いてみても、子供は少なく老人があふれていることを実感する。当然、老化・老年病とその対策が個人および社会全体の関心の的である。

この章では、このような時代のコラーゲン研究のトピックスとして、コラーゲンの老化とその対策、特にコラーゲンの**経口摂取効果**を取上げようと思う。第2章でもふれたように私は以前からコラーゲンの老化架橋に興味をもっていた。これらはヒトの体の老化と深くかかわっているといわれてきたが、まだまだわからないことばかりであった。しかし、研究は着実に進展してきた。

一方では、一九九〇年ころから、コラーゲンを飲んだり食べたりすると、お肌がプルンプルンになるとか、関節痛が治るとかといわれだして、やがてコラーゲン健康食品が一種のブームになってきた。これが本当ならば皮膚や関節の老化・老年病防止につながるわけだが、一方ではそんなことはあるはずがないという学者もいた。学問的解明はなかなか進まないままだったが、最近になってまじめに取組む研究者が増え、興味深い進展があった。

本章は、現役を退き高齢者の仲間入りをした私がこの十年余りに勉強したレポートである。第1～3章はほぼ旧版のままなので、この章から読み出される方がいるかもしれない。また、新しい読者で研究の流れには興味がなく、ここから読まれる方もいるだろう。そこで蛇足かもしれないが、コラーゲンについて少しだけ復習しておこう。

コラーゲンは動物の体にあるタンパク質である。全身のあらゆる臓器にあるが、特に皮膚、骨、軟骨、腱、血管壁などに多く存在する。その役割は形をつくったり支えたりすることと、細胞の足場になっていることである。体内のほとんどのコラーゲンは細胞の外に繊維や膜の状態で存在している。コラーゲン繊維は分子が規則正しく会合したものである。コラーゲンの分子は三本のポリペプチド鎖がらせんを巻いてできている（第1章）。このような特別な構造はコラーゲンの特別なアミノ酸配列に基づいている。細胞はコラーゲン分子を合成し、細胞の外に放出する。その合成のプロセスは複雑である（第2、3章）。細胞の外でコラーゲンは繊維を形成する一方で、コラーゲン以外のいろいろな分子と相互作用をして**細胞外マトリックス**とよばれる複雑な複合体をつくっている（第3章2節）。

2　コラーゲンの老化

歳をとると体のあちらこちらに老化現象や老年病が現れる。特に皮膚、骨、関節、血管などに老化や老年病が目立って起こるが、これらはいずれもコラーゲンが主要な成分の臓器である。このことはコラーゲンと老化の深いつながりを示している。

まず皮膚であるが、歳をとるとしわやたるみが現れる。皮膚は表皮と真皮よりなるが、コラーゲン繊維がたくさんあるのは真皮である。真皮ではコラーゲン繊維が絡み合って三次元の網目構造をつくっている。この網目構造が皮膚の弾力性・伸縮性のもとで、力が加われば網目構造が変形するが、力が除かれるとスプリングのように元に戻る。高齢者の真皮のコラーゲンの様子を観察すると、繊維はまばらになり、一本一本の繊維は細くなり、絡みが少なくなっている。また繊維の断裂が起こったりしている。このような変化により真皮の弾力性が低下して大きなしわやたるみができると思われる。

骨は高齢になるともろく折れやすくなる。骨は鉄筋コンクリートのような構造をしている。鉄筋にあたるのがコラーゲン繊維、コンクリートにあたるのがヒドロキシアパタイトというカルシウム化合物である。そもそもとても強度が大きな構造体なのだが、この構造がある年齢を過ぎると変化が起こり、強度が低下し折れやすくなる。これがひどくなると骨粗しょう症という病名がつく。

関節は歳をとると、動きにくくなり痛みを感じたりするようになる。関節は骨と骨とをつなぎ、骨を動かすときの軸になる部分である。骨の端には軟骨層がある。軟骨は弾力性に富み、クッションのようなはたらきをもっていて、運動の際にかかる大きな力を吸収してくれる。この軟骨層に高齢になると変化が起こり、クッションのはたらきが低下する。このため運動が制限されたり、痛みを覚えるようになる。進行すると関節炎になる。

血管の壁は高齢になると硬くなり、血圧上昇の原因の一つになる。また動脈には動脈硬化の兆候が現れる。

このような老化現象や老年病はコラーゲンのどのような変化が原因になっているのであろうか？最近の研究によると、歳をとって起こるコラーゲン繊維の質的な変化と量的な変化の両方が関与しているらしい。

まず質的変化から見てみよう。高齢者の腱からコラーゲン繊維を取出して調べてみると、繊維を酸に浸したときの膨潤性や臭化シアンという化学物質で処理したときの溶解性などが若年者より低下しているのがわかった（88ページ）。このようなコラーゲン繊維の変化の原因として考えられるのはコラーゲンの分子と分子の間にランダムにできる架橋である（89ページ、図24）。これらは分子間の定まった場所にできる生理的に重要な架橋と区別して**老化架橋**とよぶべきものである。

年齢の上昇とともに老化架橋ができていくと、コラーゲン繊維はしだいに硬くなり、伸展性や柔軟性を失っていく。この変化が先に述べたような皮膚や血管、関節の老化や、さらには心臓や肺の運動能力の低下の原因となることは容易に想像できる。骨がもろく折れやすくなるのにも関係するという意見がある。また老化架橋ができればコラーゲンの正常な代謝回転の妨げになることも考えられる。

老化架橋のできるメカニズムであるが、92ページで述べたように、おもな原因はメイラード反応あるいはグリケーションとよばれる糖とタンパク質の間で起こる化学反応である。近年この領域の研究に関しては大きな進展があった。ちなみにこの反応は最近では**グリケーション**とよばれることの方が多いようで、日本語では糖化と訳されている。

グリケーションは大変複雑な反応であり、多種類の反応生成物ができる。反応の後期の生成物はまとめてAGEとよばれている。旧版の時点では、架橋構造をもつAGEの一つとしてペントシジンが同定されたことを述べたが、その後もつぎつぎとAGEの仲間が見つかった。現在ではコラーゲンの主要な老化架橋はペントシジンではなくてグルコセパンとよばれる化合物であるといわれている（モニヤほか、二〇〇五年）。

さらに注目されることは、グリケーションの概念というか定義が拡張されたことである。以前はタンパク質のアミノ基と糖のカルボニル基の間でまずシッフ塩基化合物が生成し、それが転位を起こし、さらに脱水・酸化・縮合などを連鎖的に起こすと考えられていたのだが、別の道筋もあることがわかってきた。すなわち、まず糖から（場合によっては脂質からも）グリオキサールやメチルグリオキサールのような化学的に活性の強いカルボニル化合物（活性カルボニル化合物）がまずできて、それらがコラーゲンなどのタンパク質と反応してAGEが生成するというのである。ブドウ糖などよりも活性カルボニル化合物の方がずっと反応速度が速いので、こちらの方が主要な経路かもしれない。

前にも（93ページ）述べたように、ペントシジンの存在量はとても少なくて、とても老化したコラーゲンの性質を説明できない。私はかねてからまだまだ未知のものがあると考えていた。架橋探しは、普通、タンパク質を塩酸で加水分解しアミノ酸にしてから分別して分析する。しかし、もしも酸に不安定であれば、加水分解中に壊れてしまう。そこで塩酸を使わず酵素を使ってペプチド結合を切断してやれば、酸不安定な物質も取出せるのではないか。

私はこの考えをニッピバイオマトリックス研究所の飯嶋克昌さんに伝えて、やってみるようにそそのかした。飯嶋さんが糖化したコラーゲンを酵素で分解してみると、なんと新化合物をつかまえることができたのである。それが**カルボキシメチルアルギニン**である（飯嶋ほか、二〇〇一年、図33）。

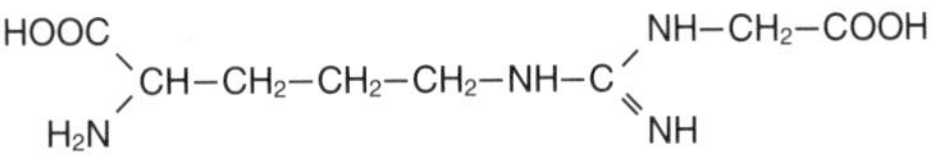

図 33　カルボキシメチルアルギニン

　カルボキシメチルアルギニンはタンパク質中のアルギニンとグリオキサール（これは糖の酸化により生ずる）が反応して生成するＡＧＥの一つである。図34はタンパク質と糖（リボース）を試験管の中で保温して生成量を見たものだが、コラーゲン中にはどんどん生成されるが、ウシ血清アルブミン中にはほとんど生成されない（飯嶋ほか、二〇〇七年）。コラーゲン以外のタンパク質には別の構造のＡＧＥができるらしい。その理由はよくわからないが、コラーゲンのもつ特異なアミノ酸配列や立体構造と関係があると思われる。コラーゲンの中に生成するカルボキシメチルアルギニンの量はとても多くて、最大、コラーゲン一分子あたり七個もできる。ペントシジン（93ページ）よりも桁違いに多い。ＡＧＥのあるものは老化や糖尿病のマーカーとして関心がもたれているのだが、このカルボキシメチルアルギニンは量が多くコラーゲンに特異性が高いので、コラーゲンの老化・糖尿病のマーカーとして有用であると期待している。

　カルボキシメチルアルギニンはその構造が示すように架橋ではない。それはちょっと残念だったが、別の興味がわいてくる。それはコラーゲンの細胞接着機能とのかかわりである。

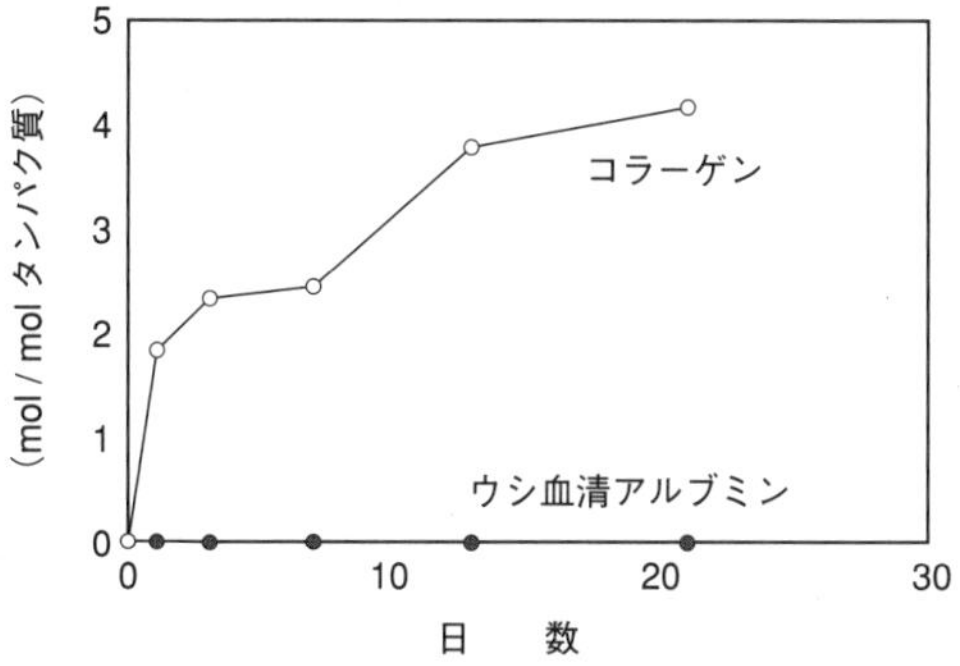

図 34　カルボキシメチルアルギニンの試験管内生成

コラーゲンは細胞の足場として機能していることは前に述べた（103ページ）。コラーゲン分子の中に細胞表面のインテグリンと結合する部位があるのだが、それがGFOGERとRGDという配列であることが明らかにされた（アミノ酸の一文字表記は35ページ参照。Oはヒドロキシプロリン、Rはアルギニン）。どちらもアルギニンを含んでいて、修飾を受ける可能性がある。そしてこれらの細胞接着部位が修飾を受けることによって機能に変化が起こり、これが細胞の活動に影響を与える可能性が考えられる。

一方、AGEと結合する受容体（RAGEとよばれている）をもつ細胞があることも明らかになってきた。コラーゲンに生成したAGEがこれらの細胞の受容体に結合し、細胞反応を起こす可能性もある。このようにコラーゲンのグリケーションが細胞の老化を促進する可能性があることがわかってきた。細胞の老化のメカニズムについては研究が進み、さまざまな遺伝子が関与していると考えられているが、コラーゲンのグリケーションもかかわっているのかもしれない。

つぎは老化に伴って起こるコラーゲンの量的な変化である。

一般に皮膚、骨、関節などコラーゲンが主体の臓器では、量の減少が見られる。一方、肝臓や筋肉など細胞が主体の臓器では、細胞数が減少し、コラーゲン量は相対的に増加するという。

皮膚のコラーゲン量を測定することは技術的に結構問題点もあるらしいが、いくつかの報告がある。前腕の皮膚の単位面積当たりのコラーゲン量を調べると、二〇歳から八〇歳までほぼ直線的に年に一パーセントの割合で減少するという。女性も男性も同じように減少するのだが、そもそも二〇歳の時点で女性の方がコラーゲン量が少ないので、減少の影響が女性に顕著に現れるのだという。コラーゲン繊維の減少は当然繊維の支持力や弾力性の低下をまねく。それがしわやたるみの原因の一つになると思われる。

骨のコラーゲン量は男女ともに三〇歳代がピークでその後年齢とともに減少する。カルシウム量もコラーゲン量と平行して減少する。女性の場合特に閉経後に減少が著しい。骨の太さは変わらないのにコラーゲンとカルシウムが減少していくので、骨はスカスカになっていくわけである。これが骨はもろく折れやすくなる原因の一つとなると思われる。

関節の軟骨層も高齢になると薄くなり、変形も起こる。当然コラーゲン繊維の量の減少が起こっていると思われる。それが弾力性の低下をまねく原因の一つになる。

では、なぜ皮膚や骨などでは加齢とともにコラーゲンが減少するのだろうか。コラーゲンは絶えず少しずつ合成される一方で、少しずつと分解され代謝回転している。大人の正常な状態では合成と分解のバランスがとれているのでコラーゲン量は一定に保たれている。しかし高齢になると合成と分解のバランスに異常が起こってくるらしい。皮膚のコラーゲンの合成力は高齢者では若い人のおよそ四分の一に落ちていると報告されている（チュンほか、二〇〇一年）。皮膚の老化は紫外線によって促進されることはよく知られている。同じ人でも、紫外線によく当たる顔の皮膚の方が、紫外線の当たらないお尻の皮膚よりも老化しているのは確かである。紫外線を当てると、皮膚の細胞のコラーゲン分解酵素（ＭＭＰ、118ページ）の活性が増大していることがわかった（フィッシャーほか、一九九六年）。

それではコラーゲンの老化を抑制するにはどうしたらよいだろうか。当世風にいえばコラーゲンの**アンチエイジング**の方法を考えてみよう。

コラーゲンの質的老化のもとはグリケーションと考えられる。グリケーションを阻害する物質がいろいろ調べられている。たとえばカルノシンやグルタチオンのようなペプチド、ピリドキシンやチアミンのようなビタミン、尿素などはグリケーションの阻害活性をもっているという。

いったんできてしまった老化架橋を切断してしまう薬剤の開発も試みられている。すでに臨床試験が行われているものもあるらしい。

コラーゲンの量的減少を抑止する方法としては、繊維芽細胞などを刺激し、コラーゲンの合成を促進することが考えられる。実際にコラーゲンの合成を促進する物質としては、アスコルビン酸、2-オキソグルタル酸、グリコール酸などが知られている。植物の有効成分の探索もされている。細胞の活性化によりコラーゲンの代謝回転が速まれば、グリケーションにより修飾されたコラーゲンが正常なコラーゲンに置き換わっていくことにもつながるはずである。

このようにいろいろなアンチエイジングの方法が模索されているが、いま私が注目したいのはコラーゲンの経口摂取である。

3　コラーゲンの経口摂取

一九九〇年代のはじめころから、コラーゲンを食べたり飲んだりすると「体によい」「お肌がプルンプルンになる」「関節の痛いのが治る」などといわれだして、コラーゲンを摂取することが一種のブームになってきた。「コラーゲンを食べることによって体のコラーゲン不足を補うことができる」という文言を、健康雑誌やテレビ、広告などで盛んに見かける。

しかし一方では、「コラーゲンを食べても特別な効果があるはずがない」という冷めた見方をする人も少なくない。このような意見は特に医師や生化学・栄養学の専門家に多い。

コラーゲンの経口摂取効果に対する根本的な疑問はつぎの二点だと思う。

一、効果について体験談ではなく信頼できる科学的証拠、つまり学術論文があるのか？

二、コラーゲンを食べてもそのまま体に入るはずがない。消化管内でアミノ酸に分解されるのだから、他のタンパク質を食べるのと変わらないのではないか？

これらの疑問に対する説明は健康雑誌やテレビや企業のパンフレットを見ても見つからない。

実は私もはじめはそう思っていた。九〇年代の半ばだったと思うが、ある健康食品の業界紙からコラーゲンについて講演をしてほしいと依頼された。私が「コラーゲンを食べても特別の効果はないのではないか。そういう話になってもいいか。」というと、その方は「それでもいい。しかしその前に文献を読んでほしい。」といわれて、コラーゲン摂取効果の文献を十数報くれた。それはおもにドイツやチェコの研究者の論文であった。その中にチェコのミラン・アダム博士の論文があった。アダム博士の名前はコラーゲンの専門書の編者として知っていたので、これは無視できないと思った。それは関節炎の症状がコラーゲンの摂取により緩和されるという臨床試験の報告であった。

論文を読んでいるうちに、本当に効果があるのかもしれないとたいへん興味をもった。そのときの講演ではコラーゲンを経口摂取して効くとしたら消化管内で分解されて生成するペプチドの中に生理活性をもつものがあり、その効果ではないかと想像を述べたと記憶している。それから十年以上研究の発展を文献で追い続けてきた。

ちょっと余計なことだが、先日コラーゲン研究の大家の先生にお会いしたら、「コラーゲンの経口摂取という言い方がけしからん。食べるのはコラーゲンではなくてゼラチン（コラーゲンの三重らせんが壊れた変性物、9ページ）だよ。コラーゲンを食べているわけではない。」と怒っておられた。ごもっともである。「ご飯を食べる」をついつい「お米を食べる」といってしまうようなものだ。ゼラチン業界では、コラーゲンの変性したもので熱水に溶けるが冷やすとゲル状に固まるものを**ゼラチン**といい、ゼラチンを断片化した冷水にも溶けるものを**コラーゲンペプチド**とよぶそうである。以下で述べる実験の大部分はコラーゲンペプチドを使用しているが、ゼラチンを用いた実験もある。このような工業製品ではなく、体の中で生理的にコラーゲンが分解されたときにもペプチドが生成されるし、後で述べるように経口摂取されたコラーゲンペプチドはさらに分解されて別のペプチドが生成される。ややこしいので、ここでは経口摂取の際のゼラチンやコラーゲンペプチドをひっくるめてコラーゲンとよんでしまうこととする。

コラーゲンの経口摂取効果については数多くの論文が出版されている。古くは一一七五年に刊

表17　コラーゲン経口摂取の効果

臓　器	効　　果
関　節	変形性関節症，運動選手の関節痛の軽減（ヒト） 関節リウマチの症状の軽減（ヒト，マウス）*
骨	骨量の増加（ヒト，ラット，マウス） 骨折の治癒促進（ラット）
皮　膚	肌の状態の改善（ヒト） 紫外線傷害軽減（マウス） コラーゲン合成促進（ラット）
腱	損傷修復促進（ラット）
頭　髪	成長促進（ヒト）
爪	質の改善（ヒト）
血　管	血圧上昇の抑制（ヒト，ラット） 動脈硬化改善（ヒト）
胃	胃粘膜の保護（ラット）

* Ⅱ型コラーゲンを投与

行された医学書に関節炎に効果があるという記載があるそうだが、科学的論文が出だしたのは一九九〇年ごろからである。特に最近になって日本の研究者による論文が目立って多く出版されている。それらを大まかにまとめたのが表17である。文献名をいちいちあげることはスペースの関係でできないが、二〇〇九年に行われた第一回コラーゲンペプチドシンポジウムの講演資料集に文献リストがのっている。またインターネットのPubMedやGoogle Scholarではcollagen peptideでなくcollagen hydrolysateを検索するとよい。関心のある方はぜひオリジナルの論文を読んでいただきたい。

コラーゲンの経口摂取の効果は関節炎の症状の軽減、骨量の増加、肌の状態の改善、腱の損傷の修復促進、血圧上昇の抑制など多岐にわたっている（表17）。ここからキーワードとしてうかんでくるのがコラーゲン合成促進、組織修復、炎症抑制、血行促進などである。

実験の対象はマウスやラットなどの実験動物とヒトである。もちろん実験動物の方が制約が少なく実験が容易だし、条件をそろえられるので再現性もよいと思われる。コラーゲンの経口摂取効果についても、実験動物を用いた実験結果は信頼できそうである。すなわちコラーゲンを摂取したときに実験動物にさまざまな効果があることは間違いなさそうである。

肝心なのはヒトに対する効果である。実験動物では効果があってもヒトでは効果が見られないことはよくあることだという。信頼性の観点からヒトに対する臨床試験では、被験者の人数、二重盲検の採用、統計処理の有無、研究施設の数などが問題になる。関節炎の症状改善効果や皮膚の改善効果についてはすでに複数のグループから報告が出ている。しかし問題点もある。

まず皮膚の効果についてであるが、たとえば女性にコラーゲンを一日〇（プラセボ）、五または一〇グラム摂取させ、皮膚科医による問診を行ったところ、摂取量と摂取期間に依存して高い頻度での改善効果が認められたと報告されている（小山洋一、二〇〇九年）。「お肌の調子がよくなる」という体感の方が機器測定よりも鋭敏で確かだという。機器による保水率、つまり肌の表面の水分量の測定で有意な差が得られたという論文もあるが、機器による測定は微妙で難しいと聞いたことがある。なにしろ原理的にはウソ発見器と同じなので汗などに左右されるという。

また関節炎に対する効果も多くの場合、医師による問診により判定される。つまり患者の痛みなどの自己申告に基づいている。コラーゲンの投与により症状の改善が有意にみられたという報告がある一方では、プラセボ群も実験前に比べて痛みのかなりの改善が見られている場合もある。X線などで関節の状態の変化を検出できたという報告はない。

このように効果の測定は、肌の調子とか関節に痛みという被験者の主観に頼っていることが多いのが現状である。プラセボでも効果が出てくるのもそのせいかもしれない。効果をもっと感度がよく客観的に測定する方法の開発が望まれる。客観的測定という点では、コラーゲンを与えた動脈硬化の患者の頸動脈内膜の厚さを超音波によって計測したところ、内膜肥厚の改善が見られたという結果は注目される(石井光、二〇一一年)。また核磁気共鳴映像法の一種(Delayed gadolinium enhanced MRI)によりコラーゲン摂取後の関節のプロテオグリカンの変化を検出できたそうで今後の研究が期待される（マクアリンドンほか、二〇一一年)。

また、効果のよく現れる人と効果があまり現れない人がいるようである。たとえば、関節炎の症状の軽減効果について、ドイツの試験では効果があったが米国や英国の試験では有意の効果が見られなかったという報告がある（モスコビッツ、二〇〇〇年)。ヒトは実験動物と違い遺伝的に不均一だし、食生活も個人個人によりさまざまである。どのようなヒトに効果が大きいのか、どのようなヒトには効果が現れないのか、追及する必要がある。

ヒトに対してはコラーゲンの経口摂取効果の証明はまだ十分とはいえないが有望であるというの

が私の結論である。さらなる研究の進展を期待している。

4　コラーゲン経口摂取効果のメカニズム

コラーゲンを経口摂取した際に見られるさまざまな効果はどのようなメカニズムで生まれるのだろうか。

コラーゲンを摂取すると、消化管の中で分解されるが、すべてがアミノ酸にまで分解され体内に取込まれるわけではない。かなりの部分は小さなペプチド（アミノ酸が二個あるいは三個結合したもの。**オリゴペプチド**という）の形で体内に取込まれることがわかってきた。腸壁にはオリゴペプチドを運搬するトランスポーターがあって能率よく体内に運び込まれるのだという。

一方、コラーゲンを分解したときに生成されるオリゴペプチド中に、さまざまな生理活性をもつものがあることがわかってきた。表18にその例をあげておく。詳しい文献は前述のシンポジウム講演資料にリストが載っている。

なかでも注目されるのは**プロリルヒドロキシプロリン**（略号ではＰＯ）というペプチドである。京都府立大学の佐藤健司教授のグループは、コラーゲンを経口摂取すると、血液中にこのペプチド

表18　コラーゲン由来オリゴペプチドの生理活性

オリゴペプチド	生理活性
PO	繊維芽細胞の増殖促進 関節軟骨保護作用
GHK	培養繊維芽細胞のコラーゲン合成促進
GP	抗高血圧作用
GPR	血小板凝集阻害
PGP	好中球遊走活性
GXY	骨芽細胞の骨形成促進 コラーゲンの合成促進

アミノ酸の1文字表記は35ページ．Oはヒドロキシプリン．X，Yはいろいろなアミノ酸．

が大量に出現することを見いだした。さらにこのペプチドが、培養した繊維芽細胞の増殖を促進する活性をもっていることを見つけた（二〇〇五～二〇一〇年）。コラーゲンの中にはこのPO配列がたくさんある。しかし他のタンパク質の中には実際上見いだされない。それゆえ、コラーゲンを経口摂取すればPOペプチドが大量に生成されるが、他のタンパク質を摂取してもPOの生成はない。つまり「他のタンパク質ではだめで、コラーゲンを摂取したときだけ効果がある」という独自性をとてもうまく説明できるのである。そしてこのペプチドが繊維芽細胞などに作用した結果、コラーゲン合成の促進、さらには皮膚の状態の改善、骨量の増加、傷の修復の促進などの効果が生まれることが想像できる。

細胞にこれらのペプチドに対する受容体があるのか、またどのようなシグナル伝達が起こるのかなど、作用機構の詳細が今後明らかにされていくことを期待している。

なぜこのような活性をもつペプチドがコラーゲン分解物に

あるのかといえば、そもそもコラーゲンは体の組織の構成成分である。正常な状態でも体の中でコラーゲンは少しずつ分解され代謝回転しているし、炎症が起こり組織が損傷した際には分解が速やく起こる。コラーゲンが分解されるとペプチドが生成する。これらのペプチドがコラーゲン合成系へのフィードバックの信号となってコラーゲンの再生を促して補充を行う。つまり体の中のコラーゲン量を一定に保つ仕組みなのだと考えると、活性ペプチドの存在は不思議ではない。

表皮角質層、爪、頭髪などはコラーゲン主体の組織ではない。これらにもコラーゲンの摂取効果が見られるのは、GP、GPRなど血液循環に影響のあるペプチドの作用によるのかもしれない。オリゴペプチドよりも大きなペプチドで生理活性をもつものも見つかっている。軟骨細胞のコラーゲン合成を促進するペプチド、アンギオテンシン合成酵素阻害ペプチド、抗酸化活性をもつペプチドなどである。大きなペプチドはトランスポーターがないので大量に体内に取込まれるとは考えにくいが、別のメカニズムで取込まれる可能性はある。

このようにコラーゲン分子には多数の隠れた活性ペプチド（クリプティック活性ペプチド）が存在することが明らかになった。つまり、コラーゲン分子のポリペプチド鎖中に組込まれた状態では機能を発揮することはないが、プロテアーゼなどにより切り出されてくると機能を発揮するペプチドが多数存在するのである。

これは大変興味深い発見である。コラーゲンの分子にまだまだこんな秘密が隠れていたことに驚き興奮してしまう。

この発見はコラーゲンを食べたり飲んだりしたときの効果のなぞの解明につながるし、また美容や医薬品へのコラーゲンの新しい応用の可能性を開くと思う。たとえば、今多くの化粧品にコラーゲンが配合されている。しかしコラーゲンを皮膚の表面に塗っても、コラーゲンの分子は分子量が大きいので、表皮の角質層を通り抜けることができない。したがって真皮にまで届くことはない。化粧品に配合されたコラーゲンはもっぱら皮膚表面の保湿に役立っていると考えられる。しかしオリゴペプチドであれば角質層を通り抜けて真皮にまで達し、そこでコラーゲン合成促進などの機能を発揮する可能性がある。

体内に取込まれたペプチドのほとんどは最終的にはアミノ酸にまで分解される。もちろんはじめからアミノ酸として吸収された分もある。これらは体内でのコラーゲン合成の材料になる。しかし体全体のタンパク質とアミノ酸の流れからみると、コラーゲンの合成に必要なアミノ酸の量はそれほど多くないので、コラーゲンの合成のために特別にコラーゲンを食べる意味はないと考えられていた。私もそう考えて本書の旧版でもそのように述べた。

しかしどうやらそうでもないらしいことがわかってきた。コラーゲンのアミノ酸組成はとてもユニークで、グリシン、プロリン、ヒドロキシプロリンという三つのアミノ酸だけで半分以上を占める。ヒドロキシプロリンはプロリンからできるので（34ページ）、コラーゲン合成にはグリシンとプロリンが大量に必要になる。グリシンもプロリンも必須アミノ酸ではない。他のアミノ酸から合成できるのだが、合成が十分でないことがあるらしい。たとえば体内で分解されたコラーゲンのプロリンはリサイクルされてまたコラーゲン合成に使われるのだが、プロリダーゼという酵素に異常がある人は、プロリンを含むペプチドが分解されず、リサイクルができない。そうすると食物からプロリンを摂らないとプロリンが不足して皮膚などに異常が起こるという(パルカ、一九九六年)。このことはプロリンの合成系だけではプロリンの供給が十分でないことを示している。熱傷患者やビタミンB_6が不足した人はプロリンが足りなくなるという報告がある。普通の人でも高齢になるとプロリン不足になりやすい可能性がある。グリシンも合成系でつくることのできる量では足りないという意見がある(メレンデ-エビアほか、二〇〇九年)。つまりプロリンやグリシンをいつも食べ物から補給するのは望ましいことなのである。もちろん他のタンパク質を食べてもいいのだが、グリシンとプロリンをコラーゲンほど大量に含むタンパク質はない。したがってコラーゲンを摂取することは、コラーゲン合成の材料としても意味がありそうなのである。その他コラーゲンに比較的多く含まれるアルギニンやグルタミンも体内でプロリンに変換される。これらのアミノ酸もコラーゲン合成を促進する作用をもっているという。

コラーゲンを経口摂取したときに見られる効果は、このようなペプチドとアミノ酸の複合的な作用によると考えるのが妥当であろう。

私もテレビ、雑誌、パンフレットなどの取材に応じて、コラーゲンを摂取する意味を話したことがある。しかしほとんどの場合、コラーゲン由来の機能性ペプチドの話はカットされてしまい、コラーゲンの合成材料の補給のところだけが報じられてしまう。しかもプロリンやグリシンの特殊性の説明抜きである。これでは「コラーゲンを食べても特別の意味はない。」という反論を招くことになってしまう。情報はきちんと伝えてほしい。

なお、関節リウマチに対しては微量のⅡ型コラーゲンを投与すると症状の軽減が見られるというが（表17）、これはまったく異なるメカニズムによるものと思われる。この病気は自己免疫疾患で、免疫系の異常によって関節の軟骨という自己の組織を免疫系が攻撃してしまう。Ⅱ型コラーゲンを摂取すると、腸管免疫寛容というシステムがはたらいて免疫反応が抑えられ、結果的に関節軟骨への攻撃が抑えられると考えられる。

結論として、コラーゲンの経口摂取効果の証明は十分とはいえないが、有効性を示唆する結果が多く得られていて、有望と思われる。少なくとも「効くはずはない」と切り捨てることはできないと思う。

コラーゲンの経口摂取効果の研究は現在のところ皮膚や関節に対する効果が主流であるが、私が大きな期待をもっているのは動脈硬化など血管の病変に対する予防・抑制効果である。動脈硬化は心筋梗塞や脳梗塞につながるもので、まさに人の生死にかかわる病気である。お肌のプルンプルンも大事だが、命にかかわるものではないから……と男性の私は思ってしまう。動脈硬化の危険因子としては高血圧、高脂血症、高血糖、タバコなどが知られていて、その発症プロセスにはコレステロールの酸化、マクロファージの集積、血小板凝集と血栓形成、コラーゲン代謝異常などが含まれるといわれている。コラーゲン由来のペプチドは、血圧降下、血漿脂質低下、血小板凝集抑制、炎症抑制、組織修復などの作用をもつことが示唆されているので、いろいろな作用点で作用する可能性がある。動脈硬化の予防・治療効果の臨床的研究はまだまだ予備的な段階だが、これからの進展を期待している。

この他、これは夢のような話だが、認知症、がん、肥満などにも効果がある可能性があると思う。

人類は何万年もの間コラーゲンを食品として利用してきたわけだし、近年の臨床試験でも経口摂取した際、胃腸障害など軽度の副作用が見られる場合はあるが、重篤な副作用は報告されていない。コラーゲンの合成が促進されすぎて肝臓の繊維化などの不都合が起こることもないという。安心して摂取できる点は通常の医薬品にはないメリットである。そのかわり効果は穏やかで即効性はないので、長期に摂取する必要がある。

高齢者の増加とともに医療費の増大が深刻な問題になっている。健康を維持し、医療費を抑制するためにも、食品のもつ機能を理解し活用することが重要である。コラーゲンの食品としての機能の全容が明らかになり、活用が進むことを願っている。

参考図書・文献

第一章、第二章

野田春彦、永井 裕、藤本大三郎編、「コラーゲン」、南江堂、一九七五年。

永井 裕、藤本大三郎編、「コラーゲン代謝と疾患」、講談社サイエンティフィク、一九八二年。

J. Gross, *Harvey Lect.*, Series 68, p.351 (1974).

S. Seifter, P. M. Gallop, "The Proteins", Vol Ⅳ , p.155, Academic Press (1966).

第三章

坂倉照好編、「細胞外マトリックス」、羊土社、一九九五年。

M. A. Haralson, J. R. Hassell (eds.) "Extracellular Matrix", IRL Press (1995).

S. Ayad, *et al.*, "The Extracellular Matrix Facts Book", Academic Press (1994).

M. van der Rest, *et al.*, *Adv. Mol. Cell Biol.*, **6**, 1 (1993).

D. Prockop, K. Kivirikko, *Annu. Rev. Biochem.*, **64**, 403 (1995).

第四章

第一回コラーゲンペプチドシンポジウム講演資料、二〇〇九年。

年表

日本生化学会編、「生化学データブックⅡ」、東京化学同人、一九八〇年。
橋爪裕司、「分子遺伝学の方法」、学会出版センター、一九九一年。
「生化学辞典（第3版）」、東京化学同人、一九九八年。

索　　引

索　　引

か，き

く

け

こ

さ

し

す～そ

た，ち

て

索　引

と

な

ね，の

は

ひ

ふ

へ

ほ

ま　行

や　行

ら　行

索　　引

科学のとびら52

コラーゲン物語（第2版）

一九九九年十一月十二日　第一版　第一刷　発行
二〇一二年　九　月二〇日　第二版　第一刷　発行
二〇一四年　六　月　一　日　第二版　第二刷　発行

著　者　藤本大三郎
発行者　小澤美奈子
発行所　株式会社　東京化学同人
東京都文京区千石三-三六-七（〒一一二-〇〇一一）
電　話　〇三-三九四六-五三一一
ＦＡＸ　〇三-三九四六-五三一六

印刷・製本　図書印刷株式会社

 ISBN978-4-8079-1292-6